復刊

現代数理論理学入門

J.N.クロスリー 他著

田中尚夫 訳

共立出版株式会社

What is Mathematical Logic? First Edition
by J.N. Crossley, C.J. Ash, C.J. Brickhill, J.C. Stillwell and N.H. Williams

Japanese language edition published by KYORITSU SHUPPAN CO., LTD.

まえがき

この本のもとになった講演は，クリス・ブリキルとジョン・クロスリーが思いついたものである．二人の目的は，モダンな数理論理学における非常に重要ないくつかのアイディアを，論理学に専門的興味をもつ人たちが要求するような詳しい数学的技術に立入らずに，紹介することであった．これらの講演は 1971 年の秋から冬へかけてモナシュ大学とメルボルン大学で行なわれた．私たちにこの本を作ろうという気を起こさせたこれらの講演の大衆性は，数学的訓練を受けてない人たちにとっても数理論理学に対し好奇心を起こさせる面をもつあるアイディアを与えるであろう．

ここで，私たちはこれらの講演をすることに非常な喜びを覚えたこと，および聴衆の反応が私たちの期待を越えるものであったことをつけ加えたいと思う．

この冒険的事業を大変たくみに補助して下さったモナシュ大学準教授ジョン・マクギチー氏とメルボルン大学教授ダグラス・ガスキング氏に感謝する．また，これら講義録の準備に際し，著者の一人クリス・ブリキルにお手伝いして下さったデニス・ロビンスン氏とテリー・ボーム氏にお礼の言葉を述べなければならない．おしまいに，タイプをまことに上手に打って下さったアン・マリー・ヴァンデンバーグさんに感謝する．

1971 年 8 月

エイヤーズ・ロックにて

J. N. クロスリー

日本語版への序文

1971 年に初めてこれらの講演を企画したとき，われわれにはそれらがうまく調和されまとまるというような感じはなく，また本にするという考えももっていませんでした．ところがこの本は英語版で非常に歓迎されてきたばかりでなく，イタリア語にも翻訳されました．その上，ここに日本語版でこの本が得られたことは二重に喜ばしいことであります．われわれは，この翻訳に対し田中博士に感謝いたします．数理論理学についてのこの入門書が今日日本語で得られたことによって，日本の論理学徒の皆さんの優れた研究にわれわれが少しでも貢献できることを期待しています．

1976 年 9 月 20 日

メルボルンにて

J. N. クロスリー

訳 者 序 文

数理論理学はひと口に言えば，論理学を数学的記号的方法によって展開する学問である．しかし今日の数理論理学は派生したさまざまな分野を包含するかなり広い学問領域を形成しており，いわゆる数学基礎論を含んだ意味にさえ用いられることがある．原著はこの広義の数理論理学がどんな内容のものであるかについて，いくつかの話題をひろって解説した小冊子である．一般向きの講演——とは言っても大学初年級程度の数学的思考を経験した人を対象にしているが——を書物にまとめたものであるから多少くり返しがあったり冗長な部分もあるが，相当むずかしい面倒な内容を基本的アイディアは何かを中心にやさしく解説しているので，かなり広い範囲の読者の共感を得ることができると思う．

わが国でも近年，ようやく数理論理学への関心が一般に高まってきたようにみえ，訳者は大変喜ばしく思っている．しかし他の数学分野に比し普及度はまだまだ低い現状であるから，本書のような解説書が数理論理学への関心を呼び起こし理解を深める上で必ずや役立つものと考え，この訳書の出版を計画した次第である．

訳出にあたっては原文を尊重し，冗長な述べ方もほとんどそのままにし，また逐語訳を行なった．したがって随所にぎこちない日本文があると思う．また予期せぬ誤訳や誤解があることと思う．読者諸賢の御注意をいただければ幸に思う．

内容を おおまかに 紹介すると 次のようである． 第1章はブール，フレーゲに始まる数理論理学の重要事項の発見を流れ図に書き，それぞれに説明を与える． 第2章はい わゆる述語論理の完全性定理（ゲーデル）とは何かを説明し，ヘンキン流の今日的証明を述べる．第3章ではコンパクト性定理とその応用およびレーヴェンハイム－スコーレムの定理が語られている．第4章はコンピューター科学の普及に伴ってきわめてポピュラーとなったチューリング計算機の解説である．これは今日の電子計算機の理想的原形と言えるものである．第5章はゲーデルの不完全性定理で，最も有名な定理の一つであり，哲学者も関心をもつ古典である．第6章は公理的集合論で，公理の説明，ゲーデルによる選択公理の無矛盾性証明のアイディアおよびコーエンによる連続体仮説の独立性証明の方法（強制法）が語られている．以上の内容はまったく初等的というわけでもなく，また専門的な高級なものでもない．

巻末に訳注とやや詳しい訳者解説をつけた．本文を読んでさらに深く勉強してみたい読者のために，少分量ではあるがなるべく厳密な数学理論の展開を示した．特に連続体仮説の独立性のほぼ完全な証明を述べた．非分岐強制法によっているのでコーエンの本 [5] よりわかりやすいのではないかと思う．また，解説の §1 は学校で‘論理’の授業を担当しておられる中学・高校の先生方にそのバックグラウンドとしてお役に立つのではないかと考える次第である．

本訳書は東京工業高等専門学校教授芹沢正三氏のおすすめによって世に出る運びになったものです．ここに芹沢氏に心からの感謝の意を表わします．原著者代表の J. N. クロスリー氏は日本語版への序文を寄せて下さいました．同氏のご親切に感謝します．また共立出版(株)編集部の小山　透氏には出版にあたって大変お世話になりましたので，厚くお礼申し上げます．

1977 年 9 月　　　　ロサンゼルスにて

田 中 尚 夫

目　次

序　　論

数理論理学は現代の活気ある学問である．われわれはこれが本書のような，いくぶん型にはまらないスタイルで伝えられることを期待している．著者らのうち 4 名の者が行なった講演がもとになっているが，講演内容は大幅に改造されてどの部分が誰の著作であるかを詳しく指定することが不可能であるほどになってしまった．

後に論理学の正式な講義を受講するつもりの読者は誰でもわれわれの行なった証明のスケッチを完全な証明に仕上げることができるようになるものと期待し，またそれを信ずる．

各章は多くの場合独立であるが，第 2 章と第 3 章からの数項目は第 5 章と第 6 章で用いられる．むずかしいと思う章があれば，いったん先へ進んでから後，また戻ってくることをすすめる．このようにすれば読者はむずかしさが次第にうすれてくることに気づくであろう．

第1章　歴史的概観

論理学におけるいろいろな分野は複雑な歴史の中で幾多の困難と新発見の結果として現われてきた．よって，この第1章では論理学の諸分野の関連を示す'流れ図'を書くことにする．いろいろな分野をかなり手短に概説するので，読者はいくつかの見なれない術語に出会うかもしれないが，それらは後章で説明されるはずであるから，しばらくがまんしていただくことにする．

論理学の歴史は二つの流れとして見ることができる．どちらも非常に長い流れで，一つはアリストテレスとユークリッドおよび同時代の他の学者にまでさかのぼる形式的演繹の歴史であり，もう一つは同じころのアルキメデスにさかのぼる数学解析の歴史である．これら二つの潮流は長い間――ニュートンとライプニッツが現われて，数学と論理学を究極的にいっしょにまとめることとなった微積分学が発見された1600～1700年代まで――別々に発展してきたのである．

二つの潮流は 19 世紀に合流するきざしをみせる．だいたい 1850 年としておこう．それはブール，フレーゲらの論理学者が現われ，形式的演繹とは実際何であるか，ということに対し最終的で明確な形を与える試みがなされた時期である．古代すでにアリストテレスは演繹の法則というものにややはっきりした形を与えていたが，彼は自然言語に対してそれを述べただけであった．ブールは一歩進んで純粋に記号的な体系を展開したが，フレーゲはブールの考えを拡張することによってついに述語論理の体系に到達した．これは今日の数学の（ほとんど）すべてに適応する論理的基礎となったのである．

このとき以来，記号主義が非常に重要になったので，これについて少し詳しく述べてみたい．記号主義とはどんなものであるかのいくらかの説明は多分役立つことと思う．

'そして'，'あるいは'，'でない' というような純論理的な連結語には

&，∨，¬ のような記号が与えられる．さらに変数に対する記号（x, y, z など）や，述語とか性質・関係といったものに対する記号（P, Q, R など）が必要となる．これらのものから $P(x) \vee Q(x)$ のような論理式を作る．それは‘x が性質 P をもつかまたは x が性質 Q をもつかいずれかであることを主張する’と読まれる．さらに $P(x)$ のような論理式に‘すべての x に対し’を表わす $\forall x$ や‘x が存在する’を表わす $\exists x$ のような**限定作用素**を前置して新しい論理式を作ることができる．たとえば，$\forall x P(x)$ はすべての x が性質 P をもつことを主張するのである(現今は∀, ∃を**量化記号**と呼ぶことが多い).

数理論理学の流れ図

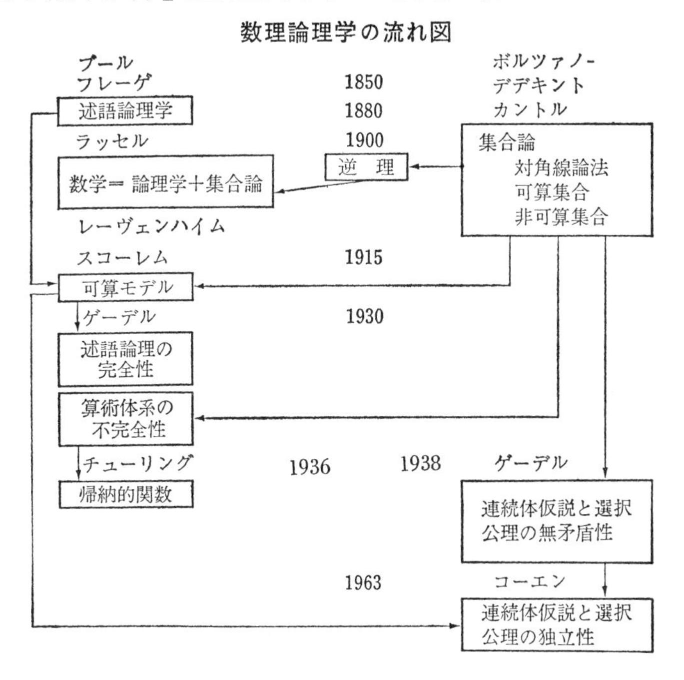

数学のどの領域も，述語記号を適当にえらべばこの（形式的）言語に翻訳できる．たとえば，算術（自然数論）についてこれをみてみよう．変数が表わす対象は数（この場合自然数）である．二つの数が等しいとか，二つの数とそれらの和である第3の数との関係，あるいは積の関係とかいうような，われわれが表現したいと思う数についてのいろいろな性質がある．整数論において，整除性や素数についてあるいは一つの数

が他の2数の和であるかどうかについて，われわれがよく行なっている陳述がすべて上のような述語を用いて作れることはすぐ納得できると思う．フレーゲはこの言語の中で演繹を行なう規則を与えたのである．これらを全部まとめて**述語論理**とよぶ．

一方，解析ではニュートンが導入した諸概念——微分と積分——の意味について論争が2世紀もの長い期間つづいた．それはニュートンが無限小を取り扱ったからである．多くの人たちが無限小を信じなかったりまた無限小は不合理であると思っていた．しかしそれにもかかわらず，ニュートンは正しい結果を得ていた．それで，なぜ彼が正しい結論を得たかを知るために諸概念の解明が行なわれた．これに対し責任を負うべき人たちの中にはボルツァノ，デデキントおよびカントルがいる（これは時代を1880年ごろまで引き下げることになる）．こういった人たちは微分・積分を適切に取り扱うためには無限集合が考えられなければならないことを悟り，非常に精密な考察を行なった．無限集合，これを避けて通ることはできない！これが集合論の起こりである．

カントルが解析学の問題から集合論へ入ったことは指摘する価値があると思う．彼は自然数を定義しようとはしなかったし，また以後人々が集合論を用いて行なった他の諸概念を定義しようともしなかったのである．カントルの最初の動機は実数における無限集合の分析であった．これは実際，集合論本来の領域であると思う：すなわち原始的概念の定義の問題よりむしろ実数についての問題を解くことである．これは実行可能なものであり，実際フレーゲによってなされたのである（彼の方法は一貫していなかったが，これはラッセルにより整理された）．ラッセルは数学はまさしく論理学であるという主張に専心した．ラッセルにとっての論理学は，今日われわれが考えている論理学よりずっと広範囲のものであった．結局のところ彼は，数学＝論理学＋集合論 であることを示したことになるといえよう．十分な忍耐と十分長い定義とをもってすれば，数学のどの分野も論理学と集合論とによって定義することができ，すべての証明を述語論理内で遂行することができる．

しかしもちろん，カントルはこの段階ですでに先んじて飛躍しつつあった．彼は解析学での問題を解決しようという試みを越えた方向へ向かっていた．彼は集合そのものに興味をもって，集合がどんなに魅惑的なものであるかを実際に発見したのである（そして彼の集合論の諸結果は解析学へフィードバックした．そのことについてはすぐあとでわかると思う）．

ここでカントルの得た多数の結果のうち，特に二つのものの証明を紹介することは非常に重要であると考えられる．なぜかといえば彼が用いた論法がまったく革命的であり，それ以後ずっと論理学全般に浸透しているものだからである．筆者の感じでは，実際大部分の定理がこれから述べようとしている二つの議論の一方または他方にさかのぼるとさえいうことができる．

無限集合を考えた際，カントルは多くの集合が自然数全体の集合と類似しているという認識にすばやく到達した．それはこういう意味である：多くの無限集合は自然数全体の集合と1対1に対応づけられる．このことはすでにガリレオが偶数集合の場合について知っていた．ガリレオはこのような対応が存在することを認めたが，彼はむしろそのことになやんでいた．なぜなら，彼はこのことが無限集合の異なるサイズを記述しようという希望をつぶしてしまうと思ったからである．彼はこの概念は無意味に違いないと思い込んでしまった．しかしカントルはこのことに困惑しなかった．彼は言う：われわれはそれにもかかわらず，これら二つの集合は同じ無限のサイズをもっていると主張したい，そしていかに多くの集合を自然数全体の集合と1対1に対応させることができるかがわかるであろう，と．

彼の最初の重要な発見は，有理数全体の集合が自然数全体の集合と1対1に対応づけられるという事実であった（有理数は分数 p/q にほかならない．ここに p と q は自然数で $q \neq 0$ である）[注1]．

これは人々にとって大きな驚きであった．なぜなら，有理数は直線上に稠密に並んでいる，すなわちどの2点の間にも有理数が存在するからである．よって有理数を左から数えはじめようとするならば，ともかくどこかへ到達する前に（数えるのに使う）自然数を使いきってしまう．カントルの方法は次に述べるようなものであった：彼は（正の）有理数が次の表のように並べられるという．

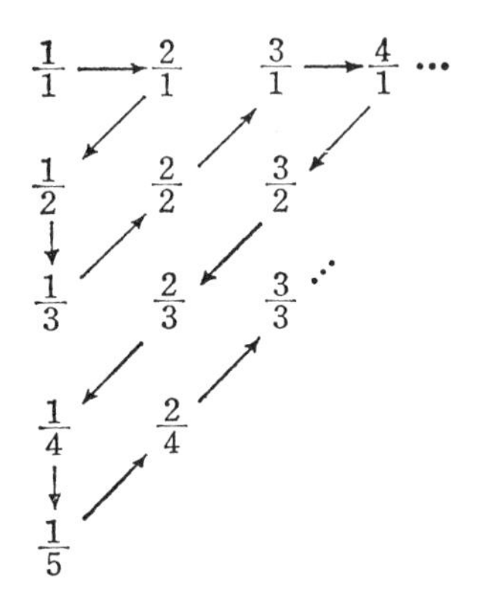

第1行には分母が1の有理数を並べる．第2行には分母が2のものを，第3行には分母が3のものを並べる…というぐあいである．この表はすべての正有理数を含んでいる．そこでこれらを次のように数えていく．一番左上から出発し，ジグザグに矢印に従って進む．よって一覧表は

$$\frac{1}{1},\ \frac{2}{1},\ \frac{1}{2},\ \frac{1}{3},\ \frac{2}{2},\ \frac{3}{1},\ \frac{4}{1},\ \frac{3}{2},\ \cdots$$

というように進む．この方法で数えそこなうことはない．どんな正有理数にも必ず自然数が割り当てられている（上の一覧表で順位を表わす数がそれである）．これがカントルの最初の重要な発見である．直線上の稠密な集合でさえ数え上げることができるというこの風変りな事実にかんがみ，どんな無限集合も数え上げることができるのではないか，と期待しはじめるかもしれない．ご承知の読者もあるだろうが，もちろんこのことは正しくないので，それがカントルの第2の論法である．

さて，直線上の点（連続体注2)をなしている直線上のすべての点）に対応する実数は無限小数に展開される．一般に小数展開は無限でなければならない（たとえば $\sqrt{2}$ は無限小数であり，それに対する有限な表示はない）．したがって，もし実数と自然数との間の対応を作ろうとすれば次のようになるであろう：まず 0 をある無限小数と対応させる（ここでは簡単のため 0 と 1 の間の実数のみを考える；よって小数点の左側には何もない）．次に 1 は別なある無限小数と対応させ，2 はさらに別な無限小数と対応させ，以下同様に進む．われわれの望みはなんとかしてすべての実数が入っている一覧表を得ることである．

カントルはこれをどのように試みても次の理由で必ず失敗に帰すると主張する：どんな一覧表が与えられたとしてもそれに対しまず小数第1位の数字がその一覧表の最初の無限小数の小数点第1位の数字と異なる数字 m_1 をえらぶ，次に第2番目の無限小数の小数点第2位の数字と異なる数字 m_2 をえらぶ，さらに第3番目の無限小数の小数第3位の数字と異なる数字 m_3 をえらぶ，以下同様に進む．このようにすればその一覧表のどの無限小数とも異なる無限小数 $0.m_1 m_2 m_3\cdots$ を作ることができる．この方法[注3)]は一覧表が何であっても常に適用できる．よって実数全体と自然数全体との間には1対1対応が存在しえないということになる．したがってわれわれは，より大きな無限集合を発見したわけである．

カントルは上の論法の入念な仕上げをも行なった．何でもよい一つの集合 S をとる．そのとき S と S の部分集合全体の集合 $\{T : T \subseteq S\}$ との間に1対1対応をつけることができないというのである．これを証明する論法は，少しの違いはあるが上述のものとほとんど同じである．おおまかにいって，今度は S の要素全体の一覧表とよべるようなものを作る．それは一覧表になど並べられないかもしれないがそれを想像し[注4)]，何とかして S の要素全体を S の部分集合全体と対応づけようと試みるのである．そこで，S の要素 s と対応する S の部分集合を T_s としよう．カントルはこれから直ちにこの一覧表にない部分集合を構成する．すなわち彼は，要素 s が s と対応づけられた部分集合 T_s に属さないような s からなる集合 U を作ったのである．

$$U = \{s : s \notin T_s\}.$$

この U は一覧表中のどんな部分集合 T_s とも異なる．何となれば，まず各 T_s は s を含むか含まないかどちらかである．いずれにしても U は T_s とは s に関して異なっている．もし s が T_s に属していれば s は U の中に入っていないし，またもし s が T_s に属さなければ s は U に入っている．このようなわけで S の要素全体と1対1対応するようなものより S の部分集合たちのほうがもっとたくさんあることになる——すなわちどんな対応づけからも上のようにして作った U ははみ出してしまう．

この論法をさらに一歩進めて適用してみよう．S が宇宙のすべての集合の集合であると仮定する，S の部分集合全体を考察する．それはもう一つの集合であり，またそうであるべきである．この主張は，もし宇宙のすべての集合全体から出発してそのすべての部分集合の全体を作るとさらにその他のもの(集合)が得られることをいっているようにみえる．しかし，宇宙にあるものより他のものを得ることはできないはずである．カントルはこの問題に気づいたが，彼はそれをひとまたぎに飛び越してしまった．そのことは彼の鋭い知覚であったと思う．ラッセルもこれを発見したが彼はそれについて悩んだ．これが有名なラッセルの逆理とかそれに類似の逆理である．

だから，数学を論理学と集合論へ還元するというこの全プログラムは，集合論がこの点で巧みに身をかわしているように見えるという事実によって，危険にさらされてしまった．そこで早速起こった数学者の最初の関心事は，集合論の基礎を浄化して逆理が生じないようにすることであった．われわれは，どうにかして回避して宇宙のすべての集合の集りをそれ自身一つの集合とは考えないようにしなければならない．

これは次のように処置すれば実際容易に成功する：集合というものは常にすでに知っているもの——たとえば自然数とか実数というようなもの——から作られるべきものとし，この操作を中止せず続けるのである．そして常に一つ高いレベルにゆくことができると考える．だから全宇宙が完結することはなく，完成されたもののみが集合であるとみなされる．このアイディアは 1908 年ごろツェルメロによって示唆された．ラッセルも同様なことを行なったが，彼の方法は技術的にぎこちなかったので今日ではほとんど用いられていない．そのアイディアは 1922 年にフレンケルとスコーレムによって最終的に仕上げられた．これは公理的集合論であり，それは諸問題を一応避けたように見えた．

同じころ，数学を記号的言語へ還元するという着想でもう一つの問題が発展していた．これは次に述べるようなものである．今までわれわれは，研究のある領域を心にもっていた．それは自然数の世界であったかもしれないし，また解析学であったかもしれない；そしてわれわれは記号を用いて形式的理論へ出かけて行った．それはまったく形式的なので，すべてのものが機械的である．この領域についてのあらゆる陳述は記号の列である．われわれは記号についての機械的操作によって演繹を行ない，'定理' とよばれるものを取り出す．これらはその領域についての真な陳述である．したがってそのことは申し分ないようにみえる．しかしわれわれが記号の集団をもっているとき，それらの記号は違った解釈（またはいわゆるモデル）をもちうる．そして，われわれが最初考えていた領域とはまったく異なった解釈が存在しうるのである．

よって注意深くあるために，われわれは集合論の——もしあれば——他のモデルも考えるべきである．まったく意図しない解釈があるという決定的結果は 1915 年レーヴェンハイムによって証明され，スコーレムによって強化された．今日**レーヴェンハイム－スコーレムの定理**とよばれているものがそれである．

この興味ある結果について少しばかり解説しよう．これは前に書いた流れ図で わく □ で囲むに値するほど重要なものである．この定理は'どんな形式的理論体系も可算モデルをもつ' ことを主張する．これは大変なショックであった．なぜなら，われわれはすでに非可算集合とそれについての理論（実数論のような）をもっており，それらは非可算な領域についてのものであると考えられるからである．したがって，公理系のモデルでわれわれが意図していなかったものをもったわけである．こんな結果がどうして得られるのかということを簡単に説明しよう．

まずわれわれは，言語というものが結局は可算であるにすぎないと気づく——それらはまさに記号の有限列であり，有理数を数えあげた方法を拡張して，一つの理論における陳述全体を枚挙することができるのである．そこで，意図した領域を考え，一連の公理がその領域について実際何を決定するかを考察しよう．

公理は初めにいくつかの対象が存在することを主張する．たとえば自然数論では公理が 0 の存在を主張する． 公理が主張する 他のものを分析してみると，おおまかに次のようにいえるだろう：かくかくしかじかのものが存在すればさらにこれこれのものが存在しなければならない．したがって，公理系を満足するためにあまり多くのものは実際必要でないのである．われわれは初めに与えられたいくつかの対象で出発しなければならない．それからそれらのものが存在するがゆえに必要となるもの，そしてまたこうして得られたもののゆえに存在しなければならないもの，…というようにしてせいぜい可算個のものを含むにすぎない一つの構造物が作り上げられる．これが可能であるのは，ある領域について可算個のものを述べることができるだけならそれらの陳述を満足させるためにはせいぜい可算個の対象物が必要となるにすぎないからである．

こんなことはわかりきったことであるが，非可算個の対象が存在すると仮定されている集合論についてもこのような事柄が成立しうる，ということは長い間人々の注意から逃れていた．そしてその後は人々をなやませたのである．集合論の公理系は非可算集合の存在証明を与えるのに，その公理がどうして可算領域で満足されるのであろうか? この状況は**スコーレムの逆理**とよばれている．実はこれは真の逆理ではなくて後に解決をみたのであるが，もし理論が可算モデルをもつことができ，しかもなお非可算なものについての理論があるならば，逆理であるらしくみえる．われわれはこう問わなければならない: モデルに関して'可算'とは何を意味するか? これは第3章で取り扱われるからここでは述べないが，大変思考刺激的なものであり，後にきわめて興味あるいくつかの定理へ導いたのである．

これ（1920 年）までずっとそして事実1930年までは，人々は論理的演繹を行なう際このようにして妥当陳述のすべてが得られるかどうかを正確に理解しないで述語論理を用いていた．レーヴェンハイム－スコーレムの定理に対し展開された議論は，少なくともある表現では述語論理の完全性の証明に類似している．述語論理の完全性はもう一つの画期的な定理である．これはゲーデルが証明した最初の主要結果であった（そしてそれはもちろん最後のものではない）．'完全性'とは正確には何を意味するのか? 今ここに述語記号，変数および限定作用素記号をもつ一つの形式的言語があるとする．そのときあるものは記号をどう解釈しようとも常に正しい．たとえば，P がどんな性質を表わしても，また変数 x がどんな領域を動いても

$$\forall x P(x) \rightarrow \exists x P(x)$$

は常に正しい（$\rightarrow$ は'ならば'を表わす）．述語論理の目標は，論理的に正しいすべての論理式を機械的な仕方で作り出すことである．ゲーデルは述語論理が完全であることを証明することに成功し，かくて述語論理は目標に到達してしまったのである．

その直後 (1931 年) ゲーデルは不完全性に関する結果を証明し完全性をまったくだいなしにしてしまった: 不完全性は算術の中にさえあったのである! 算術とはしばらく前に概略説明した理論のことで，そこでは自然数に関するいろいろな事柄や，加法と乗法によって定義可能な諸性質を証明することができる. 算術の形式的体系の目的は自然数についての真なあらゆる命題を証明することであろう. しかし，ゲーデルは‘どんな形式的体系から出発しようとも，この目的は完成しえない’ことを証明したのである(注5). すなわち，算術の命題でその形式的体系において証明することができないばかりでなく，その否定命題も証明することができないようなものが常に存在するというのである.

この結果を確立する際，大変混み入った議論を用いた: そのうちのあるものはカントルの対角線論法にまでさかのぼる. もう一つの技巧は自然数によって，したがって形式的体系自身における命題によって，その体系の記号の性質を表現することであった. それゆえ，体系はある意味で自分自身について語ることができることになる. 論理式や記号に対するこの符号化（コード化）はやや骨の折れる仕組によって遂行された: ゲーデルは加法とか乗法とかいった非常に簡単な関数から新しい関数を定義し，できた関数からさらに一層複雑な関数を構成していったが，これらすべての関数は算術の中で定義されうるものであった. この後人々は得られた関数自体に興味をもちはじめた. それらは**帰納的関数**とよばれ，その確定的な形は 1936 年ごろ完成した.

帰納的関数とは何であるかを簡単に説明しておこう. ゲーデルが用いた関数は与えられた単純な指令によって誰にでも計算できるような関数である. 2 数の和や積は誰でも計算できるであろうし，また誰でも n 番目の素数を計算できるであろう（それはちょっとめんどうかもしれないが，読者にはできるであろう). 数学者たちは，ゲーデルの関数の集合があらゆる計算可能関数を実際に含んでいるのではないかと思いはじめた. しばらくの間はこのことを確信できなかった. そして，計算可能性を定義する他の諸方法でたくさんの実験が行なわれた.

これらの実験のうち最も重要なものの一つはチューリングに負う. 彼は機械——計算機——の概念の輪郭を描き，人がなすことのできるどんな計算もこのような機械の一つで実行できることを示唆する議論を与えた．チューリングは人が計算を行なうにあたってその人がなすすべての段階を分析した：ものを書き，記号のかたまりを消し，ノートをとり，前にしたことに戻り，リストを作り…というようなあらゆるこの種のことを．そして彼はこれらすべての操作をまったく単純な方法で実行できる一種の機械を考案した．機械は，テープ上の区画を眺めその区画内の記号を検証することができるだけで十分である．それは1時刻に1区画を見て，1区画だけ左または右へ動くことができ，また見ている記号を変えることができる．それはある記号を読むとどう行動すべきかを知らせるようなプログラムをもっており，それは有限のプログラムである．これが**チューリング計算機**のすべてである（第4章参照）．

この概念はゲーデルが算術の言語によって定義した彼の概念と一致した[注6]．他の人たちは違った方法で追究し（チャーチは計算可能関数を定義したもう1人の論理学者であった）彼らは皆同一の概念に到達した．よって，こういった人々はついにこれらが正に計算可能関数であると確信するようになった．これは並はずれたことである．なぜなら，計算可能性のような漠然とした概念にキチンとした定義を与えるというようなことは誰も期待していなかったからである．それにもかかわらずそうなったのである．以前にはできなかったこのようなことができたのであるから，それはまったくの上出来であった．そして人は，初めてある問題が非可解であると証明できたのである．

ところで，‘アルゴリズム(算法)’とか‘問題を解く方法をもつ’とはどういう意味であろうか? たとえば，誰でも2次方程式を解くアルゴリズムを知っている：方程式 $ax^2+bx+c=0$ は解

$$x=\frac{-b\pm\sqrt{b^2-4ac}}{2a}$$

をもつ．数 a，b，c を与えるならば，これによって答は機械的に飛び出してくる．よって，この仕事を行なう機械を手に入れることもできよう．それはすべての無限個の2次方程式を，しかも同じ機械的方法で解くであろう．

しかし，機械的な解法が知られていない問題がある．明らかにわれわれは，数学の与えられた命題が真であるか否かを知らせる機械的方法を

もっていない．よって，この種の問題は今初めて証明または論駁への門戸があけられたのである．なぜなら，われわれは今や機械的方法が何であるかを知っているからである．

数学の命題に対しそれが真であるか偽であるかを見い出せ，というような問題を解く機械的方法などは存在しないと証明することができるかもしれない．実際，述語論理についてはどうか? すべての妥当命題[注7]を見つける方法をもっているが，一つの命題が妥当であるか否かをどのようにして知ることができるかはまだわかっていなかった．いえることは，もしそれが妥当命題ならばついにはそれを証明することに成功するだろう，ということだけである．これに対しチャーチは，述語論理では真か偽かを決定する機械的方法がないことを示した．これは述語論理に対する**決定不能性定理**とよばれる．それ以来たくさんの決定不能性の結果が得られてきた．もちろん，数学は——もしその全体をとるならば——決定不能であろう．算術，群論その他，長年数学者を悩ませてきた諸問題のようなたくさんの小分科もまた，この正確な概念が生まれたからには，ついには決定不能であると示されるであろう．一方，帰納的関数論自体は多くの方法で成長しつつあり，そのあるものは後章で（特に第4章で）述べられるであろう．

さてここで集合論へ戻ることにしよう．1938年に集合論ではもう一つの前進があった．ゲーデル(再びゲーデルである!)は二つの特別な公理(これについては今すぐに述べねばならないが)の無矛盾性を示した．これらは選択公理と連続体仮説である．選択公理はまったく自明なことを主張している．もしこの公理を表わす図を描こうとするなら，それはまったく自明にみえる．それは次のことを主張する：ここに集合の集合があればこれらの集合の各々から1要素ずつとって作った集合が存在する．このことを図で表わせば誰もたぶんそれについて論争の余地がないであろう．しかもそれなしではたくさんの事柄が証明できなくなってしまうのである．たとえば，‘無限集合が可算部分集合を含む’という古典的定理がそれである．無限部分集合を数え出す方法は次のようである：まず1要素を取り出す．与えられた集合は無限集合であるからたくさんの要素が残っている；だからさらに他の1要素をとることができる；まだ要素が残っている；なぜならそれは無限だから．よって第3の要素を取り出すことができる，…

かくてここに選択した要素の無限列が得られたが，この無限列を現実に定義する方法が存在しないということが悩みの種なのである．そのことは本当に著者を悩ませるが，多くの数学者は悩んでいないようである．もう一つ例をあげよう．X が実数からなる任意の集合ならば $f(X)$ は X の1要素であるというような関数 f を定義することができるか? f を定義することを試みよう．まず X の最小元をとっては? と考えるだろう．しかしそれは芳しくない．なぜなら，最小元をもたない実数集合は多々あるからである．たとえば，0 より大きい実数全体の集合は最小元をもたない．したがって，これは適当な定義でない．実数の小数展開をとってそれらの性質を発見しようというような一層複雑な関数で行なうこともできるかもしれない．しかし，f が存在するはずだということが明白らしくみえても決して f を定義することに成功しないであろう．

この関数を生み出す唯一の方法は選択公理を主張することである．数学者はこのような関数をしばしば必要とするので，長い間（19世紀末ごろから）選択公理を用いていた．ところが1938年ゲーデルによってこの公理が集合論の公理系と矛盾しないことが証明され，かくて‘選択公理はこれを論駁することができない’ことがわかったのである．

もう一つは連続体仮説であった．これはカントルの予想であり今日なお予想のままである．カントルは，実数全体の集合が自然数全体の集合より真に大きい集合をなしていることを発見し，この2集合の中間の大きさの集合を見つけることが不可能らしくみえたので，もし連続体が大きさとして第2番目の無限集合であればまことにうまいものだと考え，これを連続体仮説の予想とした．彼はしかもこれをはっきりと表明したのである．しかしこれもまたゲーデルによって，集合論の公理系と矛盾しないことが証明されてしまった．

最後に述べたいのは（1963年まで一度に時が飛躍するが）コーエンがこれら二つの公理の否定がまた無矛盾であることを証明したということである（第6章参照）．したがって，これらの公理はどちらも証明することができないわけである．よって，それらが真であるかどうかについては完全に未決定のままにおかれている[注8]．

第2章　述語論理の完全性

本章では述語論理の完全性を証明する．この定理は‘述語論理で証明されうる命題の全体は真命題——その正確な意味は後述——の全体とちょうど一致する’ことを主張するものである．予備知識として仮定するのは，読者が述語論理の形式化に含まれているいくつかのアイディアに出会ったことがある，という程度のことである．よって，このことの取り扱いは簡単にすませることにする．

次の文章を考えよう：

（i）　もし x が y の祖先で y が z の祖先ならば，x は z の祖先である．

‘もし…ならば’を‘$\rightarrow$’で，‘そして’を‘&’で，‘x が y の祖先である’を‘$P(x,y)$’で表わすと，(i) は述語論理で

（ii）　$P(x,y)\ \&\ P(y,z) \rightarrow P(x,z)$

と形式化される．もし‘すべてのものが祖先をもつ’ことを言い表わしたいならば，‘すべて’を意味する全称記号‘$\forall$’と‘少なくとも一つ存在する’を意味する存在記号‘$\exists$’を用いて，そのことは述語論理内で次のように形式化される．

（iii）　$\forall y \exists x P(x,y)$

この2例を頭において述語論理を形式的に記述しよう．一層取り扱いやすくするために形式的体系 PC を考えよう．PC は唯一の述語記号 $P(x,y)$ をもつ述語論理である．実際ここでの論法は，多くの述語記号を（たとえば $Q(x,y,z)$ などを）もつ体系やさらに関数記号，定数記号をもつ体系に対してもまったく同様に行なわれることを注意しておこう．

形式的体系 PC

1.　PC の字母系（アルファベット）：可算個の個体変数 $v_1, v_2, v_3, \cdots$；2項述語記号 P；二つの論理記号 $\neg$（でない）と &（そして）；存

在記号∃（がある）; 三つの特殊記号（，）（左括弧とコンマと右括弧）.

2. これらの記号を用いて，次の法則に従って PC の（良型）**論理式**を作る.

(a) x, y が個体変数ならば，$P(x, y)$ は PC の論理式である.

(b) φ, ψ が PC の論理式ならば，$(\varphi \& \psi)$ と $\neg\psi$ は論理式である.

(c) x が個体変数で φ が論理式ならば，$\exists x \varphi$ は論理式である.

(d) (a)～(c) によって構成されたもののみが PC の論理式である.

ここでは簡単のため，論理記号 $\neg$, &, ∃ だけをアルファベットの中へ入れた. このことは実際上制限したことにはならない. というのは，他の記号 ∨（あるいは），→（ならば），↔（必要かつ十分）および ∀（すべての）が先にあげた3記号から次のようにして定義されるからである:

$(\varphi \vee \psi)$ は $\neg(\neg\varphi \& \neg\psi)$，$(\varphi \to \psi)$ は $\neg(\varphi \& \neg\psi)$，$(\varphi \leftrightarrow \psi)$ は $((\varphi \to \psi) \& (\psi \to \varphi))$，$\forall x \varphi$ は $\neg\exists x \neg\varphi$.

変数は，それが限定作用素記号（∀, ∃）によって支配されているならば**束縛**されているといい，束縛されていないとき**自由**であるという. たとえば，論理式 $\exists x P(x, y)$ において，x は束縛されているが y は自由である.

束縛変数は適当な配慮がなされれば変えることができる. すなわち束縛変数は，変えたい変数を束縛していない限定作用素が変更後新変数を束縛してしまうような変更を許さないかぎり，変えることができるのである[注1]. PC の論理式で自由変数を含まないものは**文**とよばれる.

解 釈

PC の次のような文を考える:

(iv) $\forall x \forall y (P(x, y) \to P(x, y))$

(v) $\forall x \forall y \forall z ((P(x, y) \& P(y, z)) \to P(x, z))$

(vi) $\forall y \exists x P(x, y)$

もし，P を人類領域上（生・死合わせて）の祖先の関係と解釈すれば，(iv)，(v)，(vi) はすべて真である．この解釈によれば，それらは次のようになる：

(iv) 任意の x，y に対し，x が y の祖先ならば x は y の祖先である．

(v) 任意の x，y，z に対し，x が y の祖先で y が z の祖先ならば，x は z の祖先である．

(vi) 誰でも祖先をもつ．

また，P を自然数 $(1, 2, 3, \cdots)$ 上の $>$ (より大きい) または整数 $(\cdots, -2, -1, 0, 1, 2, \cdots)$ 上の $<$ と解釈すれば，やはりこれらはすべて真の文である．しかし，P が自然数上の $<$ と解釈されるならば (vi) は偽である．また，P が人類領域上の'の父である'と解釈されるなら，(v) が偽となる．しかしながら (iv) は P にどんな解釈が与えられようとも常に真である．PC にはこのような文がたくさんある．それらは**普遍妥当**な文とよばれる．

完全性の問題

PC のような言語において，有限個の公理または**公理図式**注2)(これらは適当にえらばれた有限個の論理式である)と有限個の推論法則(それらは有限個の論理式から(他の)論理式を導出する方法である) がえらばれるとき，得られたものは**形式的体系**の1例である (ここでは形式的細目をすべて与えるというわけではないから特定の公理にかかわることは本質的ではないが，章末に述語論理の公理系と推論法則を列挙しておく)．

以下では確定のため，ただ一つの推論法則すなわち**モーダス・ポーネンス** (分離法則) 'φ と $(\varphi \to \psi)$ から ψ を推論する' をもつ述語論理について考えることにする．公理とすでに導出された論理式とから有限回の手続きによって推論された論理式を**定理**とよぶ．完全性の問題とは：有限個の公理または公理図式を適当に与えて，それからモーダス・ポーネンスによってちょうど真な文全体だけを推論することができるか？ということである．

この問題を眺める前に '解釈の下で真である' とはどういう意味かを形式的に考察しなければならない．一つの論理式が解釈 $\mathcal{A}$ の下で真であるとは何を意味するか？ われわれは PC のすべての論理式に対し

――それらが自由変数を含む含まないにかかわりなく（すなわち，それらが文であろうとなかろうと）――この問に答えることができることを望む．よって，解釈の下で真ということを PC の論理式の定義に従って一歩一歩与えることにしよう．早速困難につきあたる：P が‘の先祖’と解釈されたとき $P(x,y)$ は x と y に与えるある値の組に対しては真であるが，他の値の組に対しては偽となる，という事態が起こる．たとえば，先祖関係はある個体の対に対し成り立つが他の対に対しては成立しない．このことは自由変数を解釈するとき，それらに特別な値を指定しなければならないことを意味する．この問題は束縛変数に対しては起こらない．

さてここで，きちんとした定義を与えよう．形式的体系 PC の一つの**解釈**とは構造 $\mathcal{A}=\langle U,R\rangle$ のことである；ここに U は空でない集合で，R は U 上の関係である．U はその解釈の**領域**とよばれる．述語記号 P を R と解釈する．したがって R は 2 項関係でなければならない．

そこで，PC の個体変数すべてに U の要素を指定する（割り当てる）のであるが，各変数に U の 2 個以上の要素が指定されないようにする（しかし，U の 1 要素が二つ以上の変数に指定されることはさしつかえない）．論理式 φ の中の自由変数を $x,y,\cdots$ としよう．x に U の要素 a_1 を y に U の要素 a_2 を … という指定によって φ に対応する U 上の関係が（すなわち φ の中の各 P を R でおきかえることによって得られた U 上の関係が）成り立つならば，φ は $\mathcal{A}$ においてその指定の下で**満足される**といい

$$\mathcal{A}\models\varphi[a_1,a_2,\cdots]$$

と書く．ここで，角括弧内の配列は φ の中の自由変数に対する全指定を含んでいるものとする．

かくて PC の解釈 $\mathcal{A}=\langle U,R\rangle$ に対し

1. $\mathcal{A}\models P(x_1,x_2)[a_1,a_2]$ であるのは a_1 が a_2 と関係 R にあるとき（これを a_1Ra_2 と書く），またそのときに限る．
2. $\mathcal{A}\models\neg\varphi[a_1,a_2,\cdots]$ であるのは $\mathcal{A}\models\varphi[a_1,a_2,\cdots]$ が成り立たないとき，またそのときに限る．
3. $\mathcal{A}\models(\varphi\&\psi)[a_1,a_2,\cdots]$ であるのは $\mathcal{A}\models\varphi[a_1,a_2\cdots]$，かつ $\mathcal{A}\models\psi[a_1,a_2,\cdots]$ であるとき，またそのときに限る．

4.　もし，$\psi(x_1, \cdots, x_n)$ が $\exists y \varphi(x_1, \cdots, x_n, y)$ なる形をもてば，$\mathcal{A} \models \psi[a_1, \cdots, a_n]$ であるのは $\mathcal{A} \models \varphi[a_1, \cdots, a_n, b]$ なる U の元 b が存在するとき，またそのときに限る．

もし φ の中の自由変数に対するあらゆる可能な指定に対し，常に $\mathcal{A} \models \varphi[a_1, a_2, \cdots]$ であれば $\mathcal{A} \models \varphi$ と書き，φ は $\mathcal{A}$ で**真**であるという．もしすべての解釈 $\mathcal{A}$ に対し $\mathcal{A} \models \varphi$ であれば，φ は**普遍妥当**であるといい $\models \varphi$ と書く．

φ が自由変数を含まない場合（すなわち φ が文である場合）は，$\mathcal{A} \models \varphi$ であるのは**ある**指定 $a_1, \cdots, a_n$ に対し $\mathcal{A} \models \varphi[a_1, \cdots a_n]$ であることと同値である（容易にわかるようにその選び方には実際無関係である）．

例として解釈 $\mathcal{A} = \langle W, A \rangle$ をとろう；ここに W は生・死を含めたすべての人類からなる領域で，A は W 上の先祖関係である．今，論理式 $\exists x P(x, y)$ を考える．b，c が人間であるとすると

$\mathcal{A} \models \exists x P(x, y)[b]$ であるためには W の中のある c に対し $\mathcal{A} \models P(x, y)[c, b]$ となることが必要十分である．

このことは W の中のある c に対し cAb が成り立つことにほかならない；そしてこれは常にそうなる．すなわち各 b に対し必ず誰かが b の先祖である．だから cAb となる c が W の中に常に存在する．かくて $\mathcal{A} \models \exists x P(x, y)$．すなわち $\exists x P(x, y)$ は $\mathcal{A}$ で真である．

練習問題：$\mathcal{N} = \langle N, < \rangle$ を考えよ．ここに N は自然数全体の集合である．このとき $\mathcal{N} \not\models \exists x P(x, y)$ なることを示せ（ここに $\mathcal{N} \not\models \exists x P(x, y)$ はもちろん $\mathcal{N} \models \exists x P(x, y)$ が成り立たないことを意味する）．

Σ が PC の文のある集合で，$\mathcal{A}$ が Σ の中の任意の文 φ に対し $\mathcal{A} \models \varphi$ であるような解釈のとき，$\mathcal{A}$ は Σ の**モデル**（模型）であるという．

さてここで，われわれの目標はすべての普遍妥当な論理式を作り出すような形式的体系を求めることである．すなわち，公理としてのいくつかの論理式といくつかの推論法則とを示して，それらによって生成された（形式的）‘定理’ がすべて（しかも無矛盾性を保つためにそれらだけが）普遍妥当な論理式であるようになさねばならない．（いったん）公理と推論法則が与えられたときは，われわれは ‘証明’ を

論理式の有限列で，その各式が公理であるかまたは（列の）前のほう

の論理式から推論法則によって導かれた論理式であるようなもの
として形式的に定義することができる．**定理**とは，ある証明——それは
論理式の有限列である!——の最後の論理式のことであると定義し，φ
が定理であることを $\vdash\varphi$ と書く［普通使っている証明，定理と区別して，今後，今述べたものをそれぞれ**形式的証明**，**形式的定理**とよぶことにする］．

与えられた体系に余分な公理をつけ加えて拡大した体系で形式的証明を考えたいことがしばしばある．Σ が公理の集合であるとき，最初の述語論理の公理系へ Σ の中のすべての文を公理として加えた体系を作る．この拡大系で φ が形式的に証明されるなら $\Sigma\vdash\varphi$ と書く．

Σ を文のある集合とする．Σ が**矛盾する**とは

$$\Sigma\vdash\varphi \quad \text{かつ} \quad \Sigma\vdash\neg\varphi$$

なる論理式 φ が存在することである．Σ が矛盾しないとき(すなわち，このような φ が存在しないとき) Σ は**無矛盾**であるという．$\Sigma\nvdash\varphi$ とは $\Sigma\vdash\varphi$ でないこと，また $\Sigma+\varphi$ とは $\Sigma\cup\{\varphi\}$ のこととする．

定理 φ を文とする．Σ が無矛盾で $\Sigma\nvdash\neg\varphi$ ならば $\Sigma+\varphi$ は無矛盾である．

換言すれば $\Sigma+\varphi$ が矛盾すれば $\Sigma\vdash\neg\varphi$ である[注3)]．

完全性定理 文 φ が証明可能であるのは φ が普遍妥当のとき，またそのときに限る．すなわち，$\vdash\varphi$ なるための必要十分条件は $\vDash\varphi$ なることである．

そこでわれわれは（章末にあげたような）公理をきめる．そのとき各公理が普遍妥当であること，および推論法則が普遍妥当性を保存することがわかる（しかしそのことをチェックするのは一本道ではあるが骨の折れる仕事である）．この事実から，すべての形式的定理が普遍妥当であるということが保証される．かくて $\vdash\varphi$ ならば $\vDash\varphi$ であることがわかった．このことは述語論理体系が無矛盾であることを示している．なぜなら，もし $\vdash\varphi$ かつ $\vdash\neg\varphi$ ならば $\vDash\varphi$ かつ $\vDash\neg\varphi$ となる．よって φ と $\neg\varphi$ とが共に普遍妥当ということになるが，これは実際不可能である．

さて，完全性定理を証明するために次のことを示す必要がある：‘$\vDash\varphi$ ならば $\vdash\varphi$ であること’；あるいはこれと同値な ‘φ が形式的定理でな

ければ φ は普遍妥当でない' ことを示してもよい．よってわれわれは $\nvdash\varphi$ ならば $\neg\varphi$ がモデルをもつ' ことを示そう．なぜなら $\neg\varphi$ がモデルをもてば φ は普遍妥当でないからである．ところで前述の定理によって，もし $\nvdash\varphi$ ならば $\{\neg\varphi\}$ は無矛盾でなければならない．それゆえ，われわれが必要とするのは次の定理を証明することだけである．

ゲーデル－ヘンキンの完全性定理

$\sum$ が文の集合で無矛盾であれば，$\sum$ のすべての要素 ψ に対し $\mathscr{A}\vDash\psi$ となるような解釈 $\mathscr{A}$（すなわち $\sum$ のモデル）が存在する．

これが証明されれば，$\sum$ として1個の文 $\neg\varphi$ から成る集合 $\sum=\{\neg\varphi\}$ を考えると $\neg\varphi$ が無矛盾であれば $\mathscr{A}$ が $\neg\varphi$ のモデルとなる．これは φ が $\mathscr{A}$ で偽であることを意味するから φ が普遍妥当でないことになり，最初に述べた完全性定理の証明は終る．そこでゲーデル－ヘンキンの定理の証明をまず段階に分けてスケッチし，後で一層詳しく解説することにしよう．

1. 理論 $\sum$ で出発する．

↓

2. $\sum$ の言語へ個体定数 $b_1, b_2, \cdots$ を加える（これらを'証人 (witness)' とよぶことにする）．

↓ これらの証人が加えられたとき理論が無矛盾であるかどうかチェックする

3. 自由変数 v_1 をもつすべての論理式を並べる：$\psi_0(v_1), \psi_1(v_1), \psi_2(v_1), \cdots$

↓

4. 段階3でリストされた各論理式 ψ に対し適当な証人 b をえらんで $\exists v_1\psi(v_1)\to\psi(b)$ なる形の一つの新公理を作り，これらを公理系に加える．

↓ 再び無矛盾かどうか調べる

5. リンデンバウムの補題を適用して言語の各文 φ に対し $\sum^* \vdash \varphi$ または $\sum^* \vdash \neg\varphi$ となるようなより大きい文の集合 $\sum^*$ を求める.

↓

6. 拡大された文集合 $\sum^*$ に対し解釈 $\mathcal{A}$ を定義する.

↓

7. $\mathcal{A} \models \varphi$ となるのが $\sum^* \vdash \varphi$ のときかつそのときに限ることをチェックする.

↓

8. $\sum \subset \sum^*$ であるから, $\sum$ のすべての文 φ に対し $\mathcal{A} \models \varphi$ となる. したがって, $\mathcal{A}$ はわれわれが必要としたモデルである.

詳しい説明の前にリンデンバウムの補題を説明しよう. 無矛盾な文集合 $\sum$ に対し, もし言語の各文 φ について $\sum \vdash \varphi$ か $\sum \vdash \neg\varphi$ のどちらかが成り立つならば, $\sum$ は**充満** (full) であるという. そのとき

リンデンバウムの補題 $\sum$ が無矛盾な文集合ならば, $\sum$ の充満な無矛盾拡大 $\sum^*$ が存在する. すなわち言語の各文 φ に対し $\sum^* \vdash \varphi$ か $\sum^* \vdash \neg\varphi$ のどちらかちょうど一方だけが成り立つ.

証明: PC のすべての文を並べて $\varphi_1, \varphi_2, \cdots$ とする. そして一歩一歩 $\sum^*$ を作り上げる. そのため, 文の集合の列 $\sum_0, \sum_1, \sum_2, \cdots$ を次のように定義する. まず $\sum_0 = \sum$ とする. 次に $\sum_1$ を

$$\sum_1 = \begin{cases} \sum_0 & \sum_0 \vdash \neg\varphi_1 \text{ のとき} \\ \sum_0 + \varphi_1 & \sum_0 \nvdash \neg\varphi_1 \text{ のとき} \end{cases}$$

のようにとる (すなわち, もし φ_1 が $\sum_0$ へ加えられてもなおかつ無矛盾ならば, $\sum_1$ は $\sum_0$ へ φ_1 を加えたものとし, そうでなければ $\sum_1$ は $\sum_0$ のままにしておくのである). $\varphi_1, \varphi_2, \cdots$ を用いて上のことを次々に行なう. よって

$$\sum_{n+1} = \begin{cases} \sum_n & \sum_n \vdash \neg\varphi_{n+1} \text{ のとき} \\ \sum_n + \varphi_{n+1} & \sum_n \nvdash \neg\varphi_{n+1} \text{ のとき} \end{cases}$$

である. このように作った各 $\sum_n$ は無矛盾である. なぜなら, 最初無矛

盾な集合から出発し各段階で無矛盾性が保存されるように構成されているからである[注4].

Σ^* を $\Sigma_0, \Sigma_1, \Sigma_2, \cdots$ の和集合とする．Σ^* は無矛盾である．なぜなら，形式的証明というものはすべて長さが有限であるから，Σ^* において矛盾へ導く形式的証明は(もしあれば)ある Σ_n が無矛盾でないことを導いてしまう．しかしこれは不可能である．なぜなら，どの Σ_n も無矛盾であることがわれわれの構成によって保証されているからである．

言語のすべての文はリスト $\varphi_1, \varphi_2, \cdots$ の中に必ずあり，各段階 n でわれわれは φ_n を Σ_n へ加えるかどうかをきめている．$\neg\varphi_n$ が集合 Σ_n から形式的証明可能であるときのみ φ_n を Σ_n へ加えなかった．よって，すべての文 φ に対し φ か $\neg\varphi$ が Σ^* から形式的に証明されうる[注5]．すなわち Σ^* は充満な無矛盾集合である．したがって，リンデンバウムの補題が証明された．

そこで今度は，主証明の各段階に詳細な説明を補充しよう：

段階 2 a:　言語へ定数 $b_1, b_2, \cdots$ を加え，言語の形式的明細書を修正する．換言すれば，PC の字母系と論理式の定義とを修正する．これらの新定数は，われわれの領域のある対象によって満足される各性質 $\psi(v_1)$ に対し，ある定数 b を定めて $\psi(b)$ であると主張するために加えられるのである．だから b は，‘性質 ψ をもつある要素が存在する’ということの明確な**証人**となる．

段階 2 b:　われわれがなしていることは予期される将来の領域の中の対象すべての名前を加えることである．Σ は拡大言語の理論としても無矛盾である．

段階　3:　ちょうど v_1 を自由変数にもつ論理式すべてを一覧表にする：

$$\psi_1(v_1), \cdots, \psi_n(v_1), \cdots$$

θ_n を

$$\exists v_1 \psi_n(v_1) \rightarrow \psi_n(b)$$

なる論理式とする．ただし，b は今までの[注6] ψ や θ の中で用いられていない最初の証人である．

段階 4 a:　そこでわれわれは，すべての θ_n を公理としてつけ加えたい．だから次のように定義する：

$$\Sigma^0 = \Sigma,$$

$$\Sigma^{n+1} = \Sigma^n + \theta_n.$$
$$\Sigma^\infty = \bigcup \Sigma^n.$$

かくて Σ^∞ は Σ へ新公理のすべてをつけ加えて得られた体系である.

通常の公理から，各 Σ^n が無矛盾であることをチェックすることは容易である．本質的な点は，b が新しい証人であるからそれが自由変数のようにふるまうことである.

段階 4 b: 各 Σ^n が無矛盾だから Σ^∞ は無矛盾である．なぜなら，Σ^∞ から矛盾が導かれるということの形式的証明はある n に対する Σ^n からの矛盾の形式的証明となるからである（すべて証明というものは長さが有限であり，したがって有限個の論理式を含むにすぎない．その中で（公理として）使われた Σ^∞ の各論理式は（十分大きくえらんだ）ある n に対しすべて Σ^n に含まれてしまうのである).

段階 5 a: リンデンバウムの補題を適用して Σ^∞ を無矛盾かつ充満な拡大体系 Σ^* へ拡張することができる.

段階 5 b: そのとき任意の文 φ, ψ に対し次の事柄が成り立つ:

(1) $\Sigma^* \vdash \varphi$ または $\Sigma^* \vdash \neg\varphi$（これは Σ^* が充満だからである).

(2) $\Sigma^* \vdash \neg\varphi$ であるのは $\Sigma^* \nvdash \varphi$ のときかつそのときに限る．これは Σ^* が無矛盾であることと (1) から直ちに従う.

(3) $\Sigma^* \vdash \varphi \& \psi$ であるのは $\Sigma^* \vdash \varphi$ かつ $\Sigma^* \vdash \psi$ であるときまたそのときに限る.

(4) $\Sigma^* \vdash \exists v_1 \psi(v_1)$ であるのはある b に対し $\Sigma^* \vdash \psi(b)$ となるときかつそのときに限る．なぜなら，$\exists v_1 \psi(v_1) \to \psi(b)$ が新公理 θ_n の一つであるからである.

段階 6: そこで Σ^* に対するモデル $\mathcal{A} = \langle U, R \rangle$ を次のように定義する．領域は $U = \{b_1, b_2, \cdots\}$, U 上の関係 R は

$$b_i R b_j \iff \Sigma^* \vdash P(b_i, b_j)$$ 注)

注）記号 $A \Longleftrightarrow B$ は ‘A であるのは B であるときかつそのときに限る（すなわち，A と B が同値である)’ という日本文の略記である．形式的体系の記号ではない.

によって定義する.

段階 7:　上の (1), (2), (3), (4) は (18 ページに述べた) 解釈において真であることの帰納的定義の 1, 2, 3, 4 に対応している. だから次の結論に達する: 任意の文 φ について

$$\mathcal{A} \models \varphi \iff \sum^* \vdash \varphi.$$

段階 8:　$\sum$ は $\sum^*$ に含まれるから, $\sum$ のすべての文 φ に対し $\mathcal{A} \models \varphi$ である. よって, $\sum$ が無矛盾であれば $\sum$ はモデルをもつという結論に到達し, したがって, ゲーデル－ヘンキンの完全性定理の証明が完結した.

これにより, 最初に述べた完全性定理 (20 ページ) を確立することができる. 何となれば, もし $\nvdash \varphi$ なら $\{\neg\varphi\}$ は無矛盾であるから $\neg\varphi$ はモデルをもつ. このモデルでは φ は偽である. ゆえに φ は普遍妥当でない. したがって, $\models \varphi$ ならば $\vdash \varphi$ である. これで定理の証明が完成された.

おしまいに, われわれは初めにもくろんだものより多くのものを実際証明したことに注意しよう. すなわち, b_i などは可算集合をなしているから, われわれは $\sum$ が**可算モデルをもつ**ことを示したわけである. またこのことは, 次章でさらに他のものをも産出するであろう.

付録　述語論理に対する公理と推論法則

ここに述語論理における有限個の公理図式を記す（置換法則を用いれば公理図式でなくて，有限個の公理をおくだけでよいが，本章の内容を簡単化するためにそのような方法をえらばなかった）.

公理は次の形のすべての論理式である．ただし，φ, ψ, χ は論理式であり，$x, y, y_1, \cdots, y_n, \cdots$ は変数である；また $\varphi(x)$ が与えられた論理式であるとき，$\varphi(y)$ は $\varphi(x)$ の中の x のすべての自由出現を y でおきかえて得られた論理式である[注7].

$\forall y_1 \cdots \forall y_n(\varphi \to (\psi \to \varphi))$

$\forall y_1 \cdots \forall y_n((\varphi \to (\psi \to \chi)) \to ((\varphi \to \psi) \to (\varphi \to \chi)))$

$\forall y_1 \cdots \forall y_n((\neg\varphi \to \neg\psi) \to ((\neg\varphi \to \psi) \to \varphi))$

$\forall y_1 \cdots \forall y_n(\forall x(\varphi \to \psi) \to (\varphi \to \forall x\psi))$；ただし x は φ の中に自由出現しないとする.

$\forall y_1 \cdots \forall y_n(\varphi \to \psi) \to (\forall y_1 \cdots \forall y_n\varphi \to \forall y_1 \cdots \forall y_n\psi)$

$\forall y_1 \cdots \forall y_n(\forall x\varphi(x) \to \varphi(y))$；ただし，$y$ が $\varphi(x)$ における x の自由出現へ代入されたとき，これらの y は $\varphi(y)$ において自由出現となるようになっているとする（すなわち，これらの y は φ の中に今までに現われている $\forall y$ または $\exists y$ なる形の限定作用素によって支配されないものとする）.

推論法則は**モーダス・ポーネンス**（分離法則）である：

φ と $\varphi \to \psi$ とから ψ が推論される.

第3章　モデル理論

この章ではモデル理論を論ずる．その際三つの別々の事柄に関係する．まず第1に**等号をもつ述語論理**を論じたい．それを PC(=) と略記することにする．第2に**コンパクト性定理**を考え，第3に**レーヴェンハイム-スコーレムの定理**を論ずる．モデル理論は言語と実世界との間の関係の研究，もっと正確にいえば形式言語と形式言語の解釈との間の関係の研究である．形式言語とは何かは既知と仮定するが，PC(=) へ行く前に‘解釈’についてもう少し説明を加えることにする．

われわれが一つの文章を考察し，それを形式化するために，述語記号，名前，命題論理記号および限定作用素記号について何が必要かを見い出そうと試みる．次の文章を考えよう：

(i)　ボスが逮捕されておりジョーがそのボスならば，ジョーは逮捕されている．

(i) を形式化するために述語論理の言語 $\mathcal{L}$ をとる．ただし，$\mathcal{L}$ は命題論理プラス限定作用素記号に対する通常の機構のほかに，‘逮捕されている’と解釈さるべき1項述語記号 P，‘と同じである’と解釈さるべき2項述語記号 E，およびそれぞれ‘ジョー’，‘ボス’に対する二つの定数記号 j, b をもつべきである．またこの場合，ちょうど二つの命題論理記号 &（そして），→（ならば）を必要とする．かくて (i) は

(ii)　$P(b)\,\&\,E(j,b)\rightarrow P(j)$

なる形に形式化される．述語記号 E は等式述語とよばれる．E をもつ述語論理は**等号をもつ述語論理**とよばれ，上述のように PC(=) で表わす．したがって，(ii) は PC(=) における文である（E を**等号記号**とよんでもよい）．

そこで，**構造** $\mathcal{A}=\langle A, R, a_1, a_2, S\rangle$ を考えよう[注1]．ここに A は空でない集合，R は A 上の性質，S は A 上の2項関係，a_1 と a_2 は A の要素である．集合 A 上の性質とは A の一つの部分集合のことであり，A 上の2項関係とは A の要素から成る順序対の（一つの）集合のこと

である．あとで S が A 上の同一関係であるとしたい．そのときは S は，順序対でその第 1 要素と第 2 要素が同じであるもの全体から成る集合となる．したがって，A のどの要素も S の中のある順序対の要素になっている；すなわち $S=\{\langle x, x\rangle : x\in A\}$．

さて，$\mathcal{A}$ は (ii) を解釈することが可能な構造である．その意味は次のようである：j を a_1 と，b を a_2 と解釈し，E を S と，P を R と解釈することができる（詳細は第 2 章を参照）．そこでこの解釈を考察する．簡単のため，A はちょうど a_1 と a_2 から成っている集合であるとする．そのときもし S が A 上の同一関係ならば，(ii) が主張していることは 'a_2 が性質 R をもち a_1 と a_2 が同じであれば，a_1 は性質 R をもつ' である．これは明らかに $\mathcal{A}$ で真である．ところで，この 2 項述語記号 E は同一関係として解釈する必要がない．しかしもし同一関係であると解釈するなら，そしてこれがいつも可能ならば，その解釈は**正規**であるという．よって言語 $\mathcal{L}$ に対する正規解釈とは，2 項述語記号 E の解釈が同一関係であるようなものである．明らかに (ii) はあらゆる正規解釈の下で真であるが，他の解釈では必ずしも真にならない．次の論理式はやはりあらゆる正規解釈の下で真である：

(iii)　$\forall x E(x, x)$

(iv)　$\forall x \forall y(E(x, y) \rightarrow E(y, x))$

(v)　$\forall x \forall y \forall z(E(x, y) \,\&\, E(y, z) \rightarrow E(x, z))$

(vi)　各論理式 φ に対し

$$\forall x \forall y(E(x, y) \rightarrow (\varphi(x, x) \rightarrow \varphi(x, y)))$$

上の (iii) は E が反射的であることを，(iv) はそれが対称的であることを，(v) はそれが推移的であることを主張しており，(vi) はライプニッツの法則とよばれているものである．(iii)～(vi) は，合わせて**等号公理（系）**とよばれる．

さてここで次の事実が成り立つ：論理式 φ に対し，φ がすべての正規解釈の下で真であるための必要十分条件は，φ が述語論理の公理と等号公理とから形式的証明可能であることである．論理の公理系を {Logical}，等号公理系を {Equality} と書くならば，上述の主張は次のようになる：

{Logical} + {Equality} $\vdash \varphi$ なるためには，すべての正規モデル $\mathcal{A}$ に対し $\mathcal{A} \vDash \varphi$ が成り立つことが必要かつ十分である．

このことは，ちょうど‘これらの公理をもつ言語がその正規解釈に関して完全である’という主張にほかならない．

これの証明は次のようである．まず {Logical} + {Equality} に属する文全体はすべての正規解釈の下で真であり，推論法則はどんな解釈に対しても真論理式からは真論理式だけを導出するから，{Logical} + {Equality} $\vdash \varphi$ ならばすべての正規モデル $\mathscr{A}$ に対し $\mathscr{A} \models \varphi$ であることがわかる．そこでその逆すなわち，φ がすべての正規モデルで真ならば

$$\{\text{Logical}\} + \{\text{Equality}\} \vdash \varphi$$

であることを示したい．このためわれわれはゲーデル－ヘンキンの完全性定理を用いる．そこで，

$$\{\text{Logical}\} + \{\text{Equality}\} \nvdash \varphi$$

と仮定する．よって，{Logical} + {Equality} + $\{\neg\varphi\}$ は無矛盾であり，したがってゲーデル－ヘンキンの定理によってこれらの文の集合はモデルをもつ．われわれの目的のためには $\neg\varphi$ に対する正規モデルを与えなければならない．そのとき‘φ がすべての正規モデルで真である’が成立しないことになるから，もし φ がすべての正規モデルで真ならば φ は {Logical} + {Equality} から形式的証明可能でなければならないわけである．したがって，われわれの主張は証明された．

そこで残るは，‘{Equality} を含む文集合が与えられているとき，もしそれがともかくモデルをもてばそれに対する正規モデルがあること’を示すことだけである．よって，与えられたモデルからどのようにして正規モデルを作るかその概略を述べる．要素 $x, y, z, \cdots$ をもつ集合 A を考え，A 上で定義され反射的，対称的，推移的でしかも (vi) が成立するような関係 S が存在するとする［この関係は必ずしも同一関係である必要はない，なぜなら，たとえば言語（それは E 以外に述語記号をもたないとする）の解釈として人間たちの領域を考え，‘同じ年令である’という関係をとる．二人の人間が同年令であるということはその二人が同一人間であることを意味しない．しかもこの関係は反射的，対称的，推移的でしかもライプニッツの法則をみたす．何となれば，記号 E のみを含む論理式のそのような解釈は入り組んだ人間関係のうち明らかに年令のみに依存するからである］．そこで集合 A をいくつかの部分集合に分割し，x と y が同じ部分集合に属するのは xSy のときまたそのときに限るようにする[注2)]．

このような一つの部分集合の各要素はその部分集合のどの要素とも関係 S にあり，その他のものとは関係 S にないということがわかる．それは等号公理が成立しているという事実によるのである．そこで，このような各部分集合から一つの代表元をえらぶ．これらの代表元全体を領域とする構造を $\mathscr{B}$ とすれば，$\mathscr{B}$ は先に与えられた文集合に対する正規モデルをなすであろう．すなわち，これらすべての文は $\mathscr{B}$ において真である；そして各代表元はそれら自身原モデルの部分集合をなす．よってこの新モデル $\mathscr{B}$ の任意の 2 元 u, v に対し uSv となるのは $u=v$ のときかつそのときに限ることがわかる．したがって，新モデルでは，E は同一性と解釈される．これによって，2 項述語記号 E をもつ言語の文集合で等号公理を含むものについては，もしこの集合がモデルをもてば常にそれに対する正規モデルを求めることができるわけである．かくてわれわれの仮定により，$\{\text{Logical}\}+\{\text{Equality}\}+\{\neg\varphi\}$ がモデルをもつがゆえに，それは正規モデルをもつ．したがって，φ がすべての正規モデルで真であることはない．よってもしすべての正規モデル $\mathscr{A}$ に対し $\mathscr{A}\vDash\varphi$ ならば，

$$\{\text{Logical}\}+\{\text{Equality}\}\vdash\varphi$$

でなければならない．これはわれわれの主張を証明した．

モデル理論では，われわれはいつも特別な解釈に関心をもっている．今与えようとしているものは間もなくわかるように，特に重要なものである．N が自然数 $0, 1, 2, \cdots$ 全体の集合であるとき，構造 $\mathscr{N}=\langle N, <\rangle$ を考察する．ここで $<$ が‘より小さい’という関係であることはもちろんである［正しくは $\langle N, <, =\rangle$ と書くべきであるが，今後すべての場合にわれわれは各解釈が等号を解釈すべき同一関係をもつものと仮定する．すなわち，われわれは正規解釈のみを考えるのである．また，形式的証明可能性と無矛盾性について語るときはいつでもそれは，それぞれ $\{\text{Logical}\}+\{\text{Equality}\}$ からの証明可能性と，$\{\text{Logical}\}+\{\text{Equality}\}$ との無矛盾性を意味するものとする］．

二つの 2 項述語文字 P と E（それぞれ $<$ と $=$ に対応するもの）をもつ言語 $\mathscr{L}$ の文のうちどんなものがこの解釈 $\mathscr{N}$ の下で真であるか？たとえば

(vii) $\forall x(\neg P(x, x))$

(viii) $\forall x\forall y(\neg(P(x, y)\,\&\,P(y, x)))$

(ix) $\forall x\forall y\forall z(P(x, y)\,\&\,P(y, z)\to P(x, z))$

(x)　$\forall x \forall y(P(x,y) \vee P(y,x) \vee E(x,y))$
(xi)　$\exists x \forall y(\neg P(y,x))$
(xii)　$\forall x \exists y(P(x,y) \,\&\, \forall z(\neg(P(x,z) \,\&\, P(z,y)))$
(xiii)　$\forall x(\exists y P(y,x) \rightarrow \exists y(P(y,x) \,\&\, \forall z(\neg(P(y,z) \,\&\, P(z,x)))))$

などはすべて $\mathcal{N}$ で真である．

今後これらの文をしばしば引用する．よって，これらの集りを $\sum_0$ で表わす: $\sum_0$ は集合 {(vii), (viii), …, (xiii)} である．

さて (vii), (viii), (ix), (x) はまさしく順序集合で真であるものである．すなわち，もし P が対象物のある集合を順序づける関係であれば，P は非反射的 (vii), 反対称的 (viii), 推移的 (ix) であり，もし二つの対象が等しくなければそれらは比較可能であり，関係 P はそれらの間でどちらか一方が成り立つ (x)．また，(xi) はわれわれの解釈が最初の要素をもつことを主張しており，(xii) は各対象に対しわれわれの順序関係ですぐ次に大きいもう一つの対象が常に存在すること（すなわち，各要素は直後要素をもつこと）をいっている．おしまいに (xiii) は最初の要素以外の要素はすぐ次に小さい要素をもつこと（すなわち直前要素をもつこと）を主張する．これらすべての文は $\mathcal{N} = \langle N, < \rangle$ において真である．それはそれぞれの文が主張している内容を考察すればすぐわかるであろう．

そこで文集合 $\sum_0$ について，$\mathcal{N}$ に対する $\sum_0$ の重要性を明らかにする事実を述べよう．それは $\sum_0$ が $\mathcal{N}$ を完全に公理化するということである．もっと正確にいえば:

補題　もし $\mathcal{A}$ が $\sum_0$ に対するモデルであれば，$\mathcal{N}$ で真な文はすべて $\mathcal{A}$ で真である．したがって，任意の文 φ に対し

$$\mathcal{N} \vDash \varphi \iff \mathcal{A} \vDash \varphi$$

が成り立つ[注3]．

この補題はモデル理論のやや技術的な方法によって証明される．これより，次の系が得られる．

系　任意の文 φ に対し

$$\mathcal{N} \vDash \varphi \iff \textstyle\sum_0 \vdash \varphi.$$

証明:　まず $\sum_0 \nvdash \varphi$ と仮定する．したがって $\sum_0 + \{\neg\varphi\}$ は無矛盾であるから，ゲーデル－ヘンキンの定理によってそれはモデルをもつ．

よって $\mathscr{A}$ を $\sum_0 + \{\neg\varphi\}$ のモデルとする. $\mathscr{A} \vDash \neg\varphi$ であるから補題により $\mathscr{N} \vDash \neg\varphi$. ゆえに $\mathscr{N} \vDash \varphi$ ならば $\sum_0 \vdash \varphi$ であることがわかった. 逆に $\sum_0 \vdash \varphi$ としよう. 明らかに $\mathscr{N} \vDash \sum_0$ (すなわち, $\sum_0$ のすべての文が $\mathscr{N}$ で真) であり, われわれが用いている推論法則は '解釈の下で真である' という性質を保存するから, $\sum_0 \vdash \varphi$ から $\mathscr{N} \vDash \varphi$ が従う. これで系の証明が終った.

文 φ が $\mathscr{N}$ で真ならば φ を文集合 $\sum_0$ から形式的に証明できるという事実のゆえに, われわれのなしたことは結局 '$\mathscr{N}$ で真なすべての文の集合を公理化した' ということにほかならない. すなわち, $\mathscr{N}$ で真なすべての文は論理の公理, 等号公理および $\sum_0$ から形式的に証明されるのである[注4].

さて, $\sum_0$ が $\mathscr{N}$ 自身をどの程度まで決定するか? という問題は興味があるであろう. この問は別様にいえば次のようになる: $\sum_0$ のすべての文がある解釈で満足されているということがわかっているとき, われわれはその解釈が $\mathscr{N}$ 自身であるという認識にどの程度まで近づいているか? まず $\mathscr{N}$ が $\sum_0$ に対するただ一つのモデルではないということに注意しなければならない. $\mathscr{N}$ は構造 $\langle\{0, 1, 2, \cdots\}, <\rangle$ であることを思い出そう. $\mathscr{N}$ と同型な他の構造で $\sum_0$ に対するモデルであるものを求めるのはたやすい. われわれがなすべきことは, 最初の要素をもつこと, どの要素も直後要素をもつこと, 最初の要素以外の要素は直前要素をもつことなど, およびその構造に属するあの '関係' が否反射的, 反対称的, 推移的でありかつのその構造の領域のすべての要素が連結であるということの保証である[注5]. ところで, $\mathscr{N}$ を与えるとき領域が自然数 0 で始まる理由はない. だから, 新構造 $\mathscr{M} = \langle\{1, 2, 3, \cdots\}, <\rangle$ を考え, $M = \{1, 2, 3, \cdots\}$ とおく. 明らかに $\mathscr{M}$ は対応

$$\begin{array}{ccccc} \{0, & 1, & 2, & 3, & \cdots\} \\ \downarrow & \downarrow & \downarrow & \downarrow & \\ \{1, & 2, & 3, & 4, & \cdots\} \end{array}$$

の下で $\mathscr{N}$ と同型である[注6]. すなわち, $\mathscr{N}$ の領域 N の各要素 x を $\mathscr{M}$ の領域 M の要素 $x+1$ に対応させるならば, これにより N の要素は順序を保って1対1に M の要素へ移される. そういうわけで $\mathscr{N}$ と $\mathscr{M}$ は $\sum_0$ に対する同型なモデルである. そこでもし $\sum_0$ に対する

すべてのモデルが $\mathfrak{N}$ と同型であることが証明できたならば，われわれは相当多くのことをなしとげたといえよう．そして多くの重要な点で $\sum_0$ は $\mathfrak{N}$ を決定したということができたであろう．なぜかというと，同型なモデルはそれらの要素の性質が異なるだけで作りは互いにまったく同じであるからである．すなわち，二つの同型なモデルの一方で成立する性質や関係は，他方のモデルの対応要素間に成り立つ性質や関係に対応する．二つのモデル間の相違は，単に自明な意味で数学的なあるいは論理的なものにすぎないのである．

しかし，残念ながら $\mathfrak{N}$ と同型でない $\sum_0$ のモデルもまた存在する．これをみるために，まず直線上に 0, 1, 2, 3 をこの順に図のように書きつける．

次に 0 と 1 の間に点 $\frac{1}{2}, \frac{2}{3}, \frac{3}{4}, \cdots$ を印する；すなわち集合 $\{1-1/n : n\in N, n>0\}$ の要素に対応する点に印をつける．今度は 1 と 2 の間に分数 $1\frac{1}{2}, 1\frac{1}{3}, 1\frac{1}{4}, 1\frac{1}{5}, \cdots$ すなわち，集合 $\{1+1/n : n\in N, n>1\}$ の要素に対応する点に印をつける．おしまいに 2 と 3 の間に 0 と 1 に対し行なったと同じことをする，すなわち集合 $\{3-1/n : n\in N, n>0\}$ の要素に対応する点に印をつける．このようにして下図のような直線が得られる：

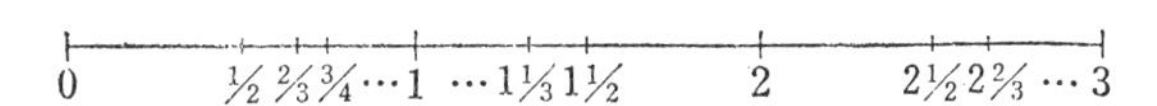

そこで，0 と 3 の間のこれらすべての点を要素とする集合を考える．ただし 0 は含めるが 1 と 3 は除くものとする．したがって，この集合は

$$B=\left\{1-\frac{1}{n} : n\in N, n>0\right\}\cup\left\{1+\frac{1}{n} : n\in N, n>1\right\}$$
$$\cup\left\{3-\frac{1}{n} : n\in N, n>0\right\}$$ 注7)

である．このとき，構造 $\mathscr{B}=\langle B, <\rangle$ は $\sum_0$ に対するモデルであり，しかもそれは $\mathfrak{N}$ と同型でない．

まず，$\mathscr{B}$ がなぜ $\sum_0$ のモデルであるか？ $\sum_0$ の各文は，視察によってわかるように，たしかに $\mathscr{B}$ で真である．これらのどの数も自分自身より小さくない．よって $\forall x(\neg x<x)$ は真である．どの数も他の数より小さく同時に大きいなどということはない，だから (viii) は真である．また，$<$ は B 上で推移的であり B のどの異なる 2 要素 a, b についても $a<b$ または $b<a$ という関係がある，よって (xi) および (x) が $\mathscr{B}$ で真である．0 は最初の要素である，ゆえに (xi) が真であり，各要素は直後要素をもち，0 以外のすべての要素は直前要素をもつ，よって (xii) と (xiii) が真である．かくて，$\sum_0$ のすべての文が真であり，したがって $\mathscr{B}$ は $\sum_0$ のモデルである．

しかし，明らかに $\mathscr{B}$ と $\mathscr{N}$ は異なった作りをしている．構造 $\mathscr{B}$ の $1\frac{1}{2}$ に対応する ($\mathscr{N}$ の領域) N の要素は存在しない．なぜなら，この要素はそれより小さい無限個の要素をもっているが N のどの要素もこの性質をもち合せない．よってこの二つの構造は同型でない．ゆえに次のように結論できる：$\sum_0$ は $\mathscr{N}$ をモデルとしてもつばかりでなく，$\mathscr{N}$ に同型な他のモデルももち，その上さらに $\mathscr{N}$ と同型でないモデルさえもっている．このことから，われわれは $\sum_0$ が $\mathscr{N}$ についてあまり多くのことを教えてくれないということを知った．もしわれわれに知らされているすべてが‘一つの構造があって $\sum_0$ のすべての文がこの構造において真である’ということであるなら，われわれはその中の要素がちょうど自然数であるかどうか，あるいは**すべての**点で自然数と同様にふるまうかどうかということについて何もいうことができないのである．$\sum_0$ はわれわれがどんな対象物をもっているかを決定しないし，またそれらが結ぶすべての構造的関係を包含するわけでもない．われわれが知りうる事柄は，‘われわれの形式言語の文で $\mathscr{N}$ で真なものは $\sum_0$ と論理の公理および等号公理から証明できる’ということだけである．

しばらくここで立ち止まって，別な事柄へ向かおう．それは，コンパクト性定理とは何か，また何を主張しているか，について述べることである．その前に補題を一つ証明しておかなかければならない．

補題 $\sum$ を論理式の任意の (一般に無限) 集合とする．もし，$\sum$ が矛盾すれば $\sum$ のある有限部分集合が矛盾する．

証明： もし $\sum$ が矛盾すれば，定義によってある論理式 φ に対し $\sum\vdash$

φ かつ $\sum\vdash\neg\varphi$ である，換言すれば $\sum\vdash\varphi\&\neg\varphi$ である．よって $\varphi_n=\varphi\&\neg\varphi$ なる有限個の論理式の列 $\varphi_1,\varphi_2,\cdots,\varphi_n$ が存在して各 φ_i は次の (i) か (ii) か (iii) のどれかの条件をみたしている：

（i）φ_i は論理的公理か等号公理である．

（ii）φ_i は $\sum$ の論理式である．

（iii）φ_i は上の有限列の φ_i より前の二つの論理式から推論法則によって導かれたものである．

ところで，論理式の列 $\varphi_1,\varphi_2,\cdots,\varphi_n$ は有限であるから，それらのうち $\sum$ に属するものはやはり有限個しかない．それゆえ $\sum$ が矛盾すれば，$\sum$ のある有限部分集合が矛盾すると結論できたわけである．

さて（前章で証明された）ゲーデル－ヘンキンの定理から，われわれは $\sum$ が無矛盾ならば $\sum$ はモデルをもつことを知っている（$\sum$は無限集合でもよい）．よって上述の補題とゲーデル－ヘンキンの定理とを用いて，次のコンパクト性定理を証明することができる：

コンパクト性定理　$\sum$ は文の集合とする．$\sum$ の任意の有限部分集合がモデルをもてば，$\sum$ はモデルをもつ．

証明：$\sum$ が有限集合ならいうことはない．よって $\sum$ は無限集合とし，$\sum$ のすべての有限部分集合がそれぞれモデルをもつと仮定する．よって $\sum$ のすべての有限部分集合は無矛盾である．ゆえに，補題により $\sum$ は無矛盾でなければならない．したがって，ゲーデル－ヘンキンの定理により $\sum$ はモデルをもつ．

1例として文の無限集合 $\sum^*$ でそのあらゆる有限部分集合がそれぞれモデルをもつようなものを示そう．したがって，コンパクト性定理により $\sum^*$ 自身モデルをもつことが結論されるわけである．

前に論じた言語 $\mathcal{L}$ を考える．それは等号記号ともう一つの述語記号をもつ述語論理であって，構造 $\langle N,<\rangle$ が $\mathcal{L}$ に対する一つのモデルであった．そこで $\mathcal{L}$ を拡大した言語 $\mathcal{L}^+$ を作る．$\mathcal{L}^+$ は $\mathcal{L}$ へ定数記号 c を加えた言語である．また，$\mathcal{L}^+$ の文のある特別な集合 $\sum^*$ を考え，この集合が $\mathcal{L}^+$ のモデルについて何をいっているかをみてみよう．$\sum^*$ は $\sum_0$ の文と次の $\psi_1,\psi_2,\cdots,\psi_n,\cdots$ とから成る：

ψ_1 $\exists v_1 P(v_1, c)$

ψ_2 $\exists v_1 v_2 (P(v_1, v_2) \& P(v_2, c))$

ψ_3 $\exists v_1 v_2 v_3 (P(v_1, v_2) \& P(v_2, v_3) \& P(v_3, c))$

⋮

ψ_n $\exists v_1 v_2 \cdots v_n (P(v_1, v_2) \& \cdots \& P(v_{n-1}, v_n) \& P(v_n, c))$

⋮

そこで $\sum'$ を $\sum^*$ の有限部分集合とし $\langle A, R, a\rangle$ なる形の構造の集合を考える，ただし a は A の要素である．どのようにすればこのような構造が $\sum'$ に対するモデルとなりうるかを示そう．もし，各 $\sum'$ に対しモデルが作れたなら，もちろん $\sum^*$ の任意の有限部分集合に対しモデルがあることになるから，コンパクト性定理により $\sum^*$ 自身がモデルをもつことを証明したことになるのである．

最初に，$\langle A, R, a\rangle$ の A と R は構造 $\mathfrak{N} = \langle N, <\rangle$ の N と $<$ であることを明記する．よって $\langle A, R\rangle = \langle N, <\rangle$ は $\sum_0$ に対するモデルである．そこで $\sum^*$ の有限部分集合 $\sum'$ を考える．$\sum'$ は一般に $\sum_0$ の中のいくつかの文と有限個の ψ から成っている．$\psi_n \in \sum'$ なる最大の n を k とする． そのとき $\langle N, <, k\rangle$ は $\sum'$ に対するモデルとなる． なぜなら， まず $\sum_0$ のすべての文は $\langle N, <\rangle$ で真であるからもちろん $\langle N, <, k\rangle$ で真である．第2にもし $n \leqq k$ ならば $\langle N, <, k\rangle \models \psi_n$ である［たとえば ψ_1 は‘c より小さいあるものがある’ことを主張している．よって c を 1 と解釈すれば ψ_1 は真である．もし $k=1$ なら c を 1 と解釈することができ，したがって $\langle N, <, 1\rangle$ は ψ_1 のモデルである．ψ_2 は‘二つのものがあって第1のものは第2のものより小さく，第2のものは c より小さい’ということを主張している．よって ψ_2 は $\langle N, <, 2\rangle$ で真である，以下同様．各有限部分集合はそれぞれ最大番号の ψ_n をもつからそれはモデル $\langle N, <, k\rangle$ をもつ．ただし，k はその有限部分集合に含まれる ψ_n の添数 n のうちの最大数以上であれば何でもよい］．ゆえに $\langle N, <, k\rangle$ は $\sum'$ に対するモデルである．これで $\sum^*$ の任意の有限部分集合がモデルをもつことがわかった．

さて，$\sum^*$ がモデルをもつことがわかったから，その一つを $\mathcal{A}$ としよう．すると言語 $\mathcal{L}$ の文が $\mathfrak{N}$ で真ならばそれは必ず $\mathcal{A}$ でも真である．なぜなら，本章ですでに証明したように

$$\langle N, <\rangle \models \psi \iff \sum_0 \vdash \psi$$

であるからである．ところで，$\sum^*$ のモデル $\mathscr{A}$ は一体何に見えるであろうか? $\sum_0$ の中の公理のゆえに $\mathscr{A}$ は最初の要素，第2の要素，第3の要素，… をもつはずである．簡単のため，これらを $0, 1, 2, \cdots$ とよぶことにする．さらに $\mathscr{L}^+$ の定数記号 c に $\mathscr{A}$ の領域のある対象が指定されなければならないが，これは N の要素ではありえない．なぜなら，もしある自然数 n に対し $c=n$ なら，ψ_{n+1} は $c>n$ を主張しているから，これは不合理である．かくて $\sum^*$ のモデル $\mathscr{A}$ は自然数だけを含むというわけにはいかないで，すべての自然数より大きいあるもの（c の解釈を与えるべきもの）を含まなければならない．ここにわれわれはいわゆる $\sum_0$ の**非標準モデル**を得たわけである．このようによばれる理由は，それが $\sum_0$ に対しわれわれが意図していたモデルあるいは**標準モデル**と同型でないからである．

実際われわれは，すでにこのような非標準モデルを記述したが，この方法は一層一般的に使用できる．たとえば $\langle N, <, +, \times \rangle$ で真なすべての文に対する非標準モデル[注8)]の完全な記述を与えることは容易でないが，上で用いた方法はこのような非標準モデルの存在を示すのに応用することができる．同様な方法で他の数体系の非標準モデルを作るのに**コンパクト性定理**を用いることができる．実数体系の場合，非標準モデルは，たとえば無限小の使用の合理性を示すために用いることができる．

コンパクト性定理独特の味を得るために，他の用例を示そう．

命題　$\sum$ が任意に大きい有限正規モデルをもてば，$\sum$ は無限正規モデルをもつ．

証明：$\sum$ の言語にない新しい無限個の定数記号 $c_1, c_2, \cdots, c_n, \cdots$ をとり，拡大した言語を作る．この拡大言語において $\neg E(c_i, c_j)$, $i \neq j$, なる形のすべての文を作り，これらと $\sum$ を合併した文集合を $\sum^*$ とする．$\sum'$ を $\sum^*$ の任意の有限部分集合とし，$\sum'$ がモデルをもつことを示すのである．$\sum'$ は $\sum$ のいくつかの文のほかに有限個の $\neg E(c_i, c_j)$ なる文を含むであろう．これらの文は有限個の定数記号 c_i を含むだけであり，それらはある n に対する $c_1, c_2, \cdots, c_n$ の中にすべて含まれている．仮定により $\sum$ は少なくとも n 個の要素をもつ正規モデル $\langle A, \cdots \rangle$ をもっている．したがって，A の中から適当に異なる n 個の要素 $a_1, \cdots, a_n$ をえらんで $\langle A, \cdots, a_1, a_2, \cdots, a_n \rangle$ が $\sum'$ のモデルであることを容易に調べることができるであろう；ただし $a_1, a_2, \cdots$ は $c_1, c_2, \cdots$ をそれぞれ解釈するものとする．かくてコンパクト性定理により $\sum^*$ はモデルをもち，したがって本章の最初の部分で述べたように，それは正規モデル $\langle B, \cdots, b_1, b_2, \cdots \rangle$ をもつ．ここに $b_1, b_2, \cdots$ は $c_1, c_2, \cdots$ の解釈である．$\sum^*$ は $\sum$ を含むから $\langle B, \cdots \rangle$ は $\sum$ の正規モデルであり，$\sum^* - \sum$ に属する文のために $i \neq j$ なら $b_i \neq b_j$ である．よって B は無限集合である．ゆえに $\sum$ は要求されたように無限正規モデルをもつ．

今までいくつか示してきた理由およびその他さまざまな理由によって，コンパクト性定理がモデル理論における重要な道具であることがわかる．ここでもう一つのこのような重要な道具へ向かうことにしよう．その前に集合論におけるある概念を導入しなければならない．すなわち，無限集合の大きさを比較することについて述べる．無限集合を比較する方法はたくさんある．一つの方法は，一方が他方に含まれるかどうかを見ることである．たとえば，われわれは $\{0, 1, 2, \cdots\}$ が $\{-1, 0, 1, 2, \cdots\}$ の部分集合であることを知っている，そしてこれを

$$\{0, 1, 2, \cdots\} \subseteq \{-1, 0, 1, 2, \cdots\}$$

と書く．もう一つの方法は二つの集合の要素間に1対1対応があるかどうかを見ることである．すなわち，二つの集合の要素たちを二つずつ組にして，一方の集合の各要素が他方の集合のちょうど一つの要素と組になっており，どちらの集合にも組にならないで残っている要素がないようにできるかどうかを見るのである．たとえば，上記の二つの集合はこのように要素を二つずつ組にすることができる：第1集合の0を第2集合の -1 と，第1集合の1を第2集合の0と，2を1と，3を2と，…，一般に n を $n-1$ と組合せるのである．このようにして，一方の集合のすべての要素が他方の集合のちょうど一つずつの要素と組にされ，しかも組にされない要素は存在しない．

われわれの目的のために，もし今述べたような組を作る方法があるとき2集合は同じ大きさであるというならば，一層具合いがよいであろう．よってわれわれの目的にとっては，集合 $\{-1, 0, 1, 2, \cdots\}$ と $\{0, 1, 2, 3, \cdots\}$ は同じ大きさである．この意味で同じ大きさの2集合は**同じ基数をもつ**といわれる（第6章参照）．

自然数全体の集合と同じ基数をもつ集合は**可算無限**であるとよばれ

る．よって集合 $\{-1,0,1,2,\cdots\}$ は可算無限である．可算無限であるか有限である集合は**可算**であるといわれる．第1章で述べたように，実数全体の集合は可算でない(ここにその証明を再述はしない)．したがって，無限集合の大きさで可算ではないものが少なくとも一つは存在することがわかったわけである．実は，このような集合はたくさんあることが知られている．

ゲーデル－ヘンキンの定理のあの証明は可算言語（すなわち可算個の論理式をもつ言語）における文の無矛盾集合がモデルをもつことを示したばかりでなく，それが可算モデルをもつことも示している．このモデルは必ずしも正規ではないが，本章の初めの部分で示した方法と同様な論法でその文集合に対する正規モデルを求めることができる．この正規モデルは（われわれが行なったことを眺めれば容易にわかるように）出発点のモデルと同じ大きさかそれより小さい大きさのモデルである．したがって次のように結論できる：ゲーデル－ヘンキンの定理のあの証明は，‘等号公理を含む（等号記号付）可算言語において任意の無矛盾な文集合は可算モデルをもつ’ことを示す．

1例として構造 $\mathcal{R}=\langle R,<,+,\times\rangle$ を取り上げよう．ここに R は実数全体の集合で，$<$ は‘より小さい’を $+$ と $\times$ は実数上で定義された通常の加法関数と乗法関数である．そこで $\mathcal{R}$ に対する適当な可算言語を考える(この場合それぞれ $<$, $+$, $\times$ を解釈する記号 P, f, g をもつ言語をとるのが普通である)．この言語の文であって $\mathcal{R}$ で真なもの全体の集合を $\sum^{R}$ で表わす．$\sum^{R}$ は可算言語の論理式のある集合であるから，上述のことからそれは可算モデルをもたなければならない．その一つを $\mathcal{A}=\langle A,\tilde{<},\tilde{+},\tilde{\times}\rangle$ としよう．したがって A は可算集合である．特に A として実数からなる集合（すなわち A は可算集合でしかもその要素がすべて実数である）をとるならば――そしてそれは可能である!――$\sum^{R}$ が $\mathcal{R}$ と $\mathcal{A}$ の両方で真であるということはちょっと奇妙に見えるだろう．それは，たとえばわれわれが一つの実数をあの形式言語の一つの論理式で定義されたある性質をもつただ一つの実数として記述する場合，いつでもこの実数がすでに A の中にあることを意味している．したがって，残りの実数すなわち A に属さない実数は，ある意味で余分であるといえよう．さらにこの事実は，一見すると実数体系のい

ろいろな特徴づけと矛盾するように見える（もちろん実際はそうではないのであるが）.

このような奇妙さのもう一つの例は集合論でも起こる. 今，構造 S =⟨すべての集合たち，‘の要素である’⟩ を考える. この構造で真な文全体の集合はやはり可算モデルをもたなければならない. このような一つの文は可算無限個より多い要素をもつ集合が存在することを主張する――この文は巾集合の公理から導かれる（第6章参照）; そして第6章で集合論の公理が‘自然数全体の集合より大きい集合が非常にたくさんある’という命題を導くことを知るであろう. しかし，もし集合論の公理系が可算無限モデルをもつならば，これらの公理はこの可算モデルで真な文である. これはまたちょっと意外であろう. 全部で可算個の物しかないのに，非可算個の要素をもつ集合の存在を主張する文がどうして真になりうるのであろうか？（スコーレムの逆理――p. 10 参照.）この不合理を解決するためになすべきことは文が実際モデルにおいて言っていることを注意深くみきわめることである.

可算無限モデルにおいては，どんな無限集合も事実可算である; だからその集合と N との間に1対1の対応がある. しかし，ここが大切なところであるが，**この対応はこれを集合として表わすとき，その可算モデルには属さない**のである. このことは，それが述語‘非可算集合である’をその可算モデルの中でみたすような可算集合をどんなふうにして含むことができるのかを示している.

まとめの前に**レーヴェンハイム－スコーレム－タルスキー**に負う定理を提示したい. それはより小さいモデルを得ることができるばかりでなく，より大きいモデルももつことができることを示すものである:

定理 可算言語の文集合 Σ が無限正規モデルをもつならば，Σ は任意の無限基数の正規モデルをもつ. すなわち文集合 Σ がともかく無限正規モデルをもてば，任意の無限集合 S に対し Σ の正規モデル $\langle A, \cdots\rangle$ で A が S と同じ基数をもつようなものがある.

この定理から，‘無限構造で真な文の集合はその構造の領域の大きさを決定することができない’ということがわかる. もし，文集合が無限基数のモデルをもてば，その文集合からこの基数をあるいはこの基数について——それが無限であるということを除けば——何事も推論することができないのである.

今までにしてきたことは，モデル理論を用いて，どんな文集合もそのモデルについて何もいうことが**できない**ということに関し，若干の事柄を指摘したことである. われわれは，もし文集合がモデルをもてばそれが可算正規モデルをもつことを知り，かつまたこれら二つのモデルが同じものであるとは一般にいえない，ということを知った. また，もし文集合が無限モデルをもてばそれは任意の無限基数のモデルをもつことを知った. さらにまた，文集合はその領域が数集合であるモデルをもつとともにそうでないモデルをもつということを知った. しかしながら，一体どんな実際的な積極的なことを主張できるであろうか? ある特別なモデル $\mathcal{A}$（たとえば $\mathcal{A}=\langle N,<\rangle$）に対し

$$(*) \qquad \mathcal{A}\models\psi \iff \sum\vdash\psi$$

なる文集合 $\sum$ を見い出せるとき，それは一体何を意味するのであろうか?

ところで‘文 ψ は $\langle N,<\rangle$ で真であるか?’という形の問が無数にある. あらゆる文 ψ に対しこのような問があるのである. この問に答える一つの方法は，真なもの全体を公理化し（われわれが与えた集合 $\sum_0$ がそれである），それから問題の ψ の証明を発見しようと試みることである. あらゆる ψ に対し，ψ か $\neg\psi$ のどちらか一方が $\langle N,<\rangle$ において真であるから，どちらか一方が $\sum$ から証明可能である. もしわれわれがこのような証明を捜し求めるのに十分体系的な状態になっていれば，ついには ψ または $\neg\psi$ を見い出すであろうことを保証でき，それは結局 ψ が $\langle N,<\rangle$ で真かどうかを確立することになる. かくてわれわれの補題——$\mathcal{A}=\langle N,<\rangle$ に対し (*) が成り立つ文集合 $\sum$ を見い出すことができる——を証明することによって（実際この場合 $\sum$ として前に述べた $\sum_0$ をとることができる!）こういう問に答える体系的な方法が得られたのである. したがって次の事柄が得られた: われわれはどんな文が $\langle N,<\rangle$ で真であるかを正確に知ることができる.

少しめんどうであるが，$\langle N,<\rangle$ に対しなしたと同じことを構造 $\langle N,<,+\rangle$ に対し行なうことができる. すなわち，この構造で真な文のかなり明白な集合を書き下すことができ，それからモデル理論的方法を

用いてこれらの文からこの構造で真なあらゆる事柄が証明可能であることを示すことができるのである．このようにして，文がその構造 $\langle N, <, +\rangle$ において真であるかどうかを見い出す実際的方法を得る．しかし第5章で示されるように，構造 $\langle N, <, +, \times\rangle$ に対しては上の手続きを適用できない．

第4章　チューリング計算機と帰納的関数

他の章からわかるように，数理論理学ではしばしば文の無限集合に関係し，それらを系統的な，一様な，あるいは機械的な方法で取り扱うことを要求する．たとえば第3章で，与えられた文が構造 $\langle N, < \rangle$ で真であることを決定するために系統的な方法が与えられた．また第2章では述語論理の真な文全体をリストするための系統的な方法が示された．どちらの場合にもその方法はある意味で機械的な計算へ明白に還元することができる注1)．したがって，これらは‘計算可能性の理論’における積極的な結果であると考えられる．

述語論理の任意に与えられた文 φ が真であるかどうかを決定するような他の場合には（上の場合のような，φ が真ならば形式的定理のリストの中でそれを見つけることができるというようなこととは違って）系統的な機械的方法をもち合せていない．したがって，計算可能性の理論での**否定的な**結果に対する候補者があるかもしれない，すなわち機械的な解が可能でないということの証明があるかもしれない．否定的結果に対する捜索のわずらわしさは，それが計算可能性の定義を必要とすることである——積極的結果としてわれわれが実際上の計算手続を提示しているかぎり，このような定義は必要ないが，与えられた問題がどんな機械的方法でも解けないことを示すには計算というもののあらゆる型を包含する定義が前もって仮定されていなければならない．

計算というもののすべての型を包含することは，必然的に相当な複雑さを覚悟しなければならない；しかしながら，本章の主方針は根本的に率直にわかるということで，ほとんど当然的なものである——計算可能性の定義は計算による非可解な問題へと導き，そして述語論理の万能的表現能力がこの問題の論理学への翻訳へ導き，それゆえ論理的妥当性の問題の一般な非可解性へと導くのである注2)．

チューリング計算機の計算

チューリングとポストは 1936 年おのおの独立に計算の概念の正確な分析に到達した．計算という概念は直観的なものであるから，この概念の正確な定式化は数学的証明によるのでなくてむしろ証拠にもとづかねばならない．しかしながら，今までチューリング計算機が――そういわれているように――あらゆる可能な計算を実行できるというわれわれの確信をゆるがすようなどんな証拠も得られていない，と断言できる．加うるに，チューリングの分析は，‘人間が何の想像も用いず盲目的に従うことができる指令の（明確な）集合’という意味での計算手続がなぜチューリング計算機によって実行不可能でありそうにないかという理由をあばいている．

チューリング計算機は両方向に無限に伸びた 1 本のテープをもっている．このテープは図のように区画に分けられていて各区画はその上に書

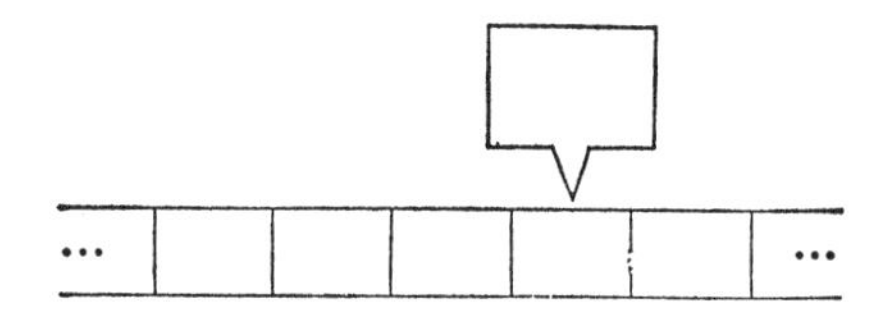

かれた一つの記号をもつことができる．テープは**読み込みヘッド**によって一度に 1 個の区画を検査されあるいは見られている．読み込みヘッドをもつ機械の中の複雑な実際上の技術はわれわれには関係ない．与えられた機械は有限個の記号 $S_0, S_1, \cdots, S_n$ から成る特定の字母系をもっている（S_0 は空白の区画 □ であるとする）．さらに機械は有限個の**内部状態** $q_0, q_1, \cdots, q_m$ をもつ．与えられた時刻での機械の動作はその内部状態とみられている区画内の記号とによって一意的に決定される．この動作は次の (i)～(iii) のどれかである：

(i) 見られている記号を変えること．

(ii) 1 区画だけ右方へ動かすこと．

(iii) 1 区画だけ左方へ動かすこと．

本書では ‘ヘッドを動かす’ と約束する．‘テープを動かす’ 方式の本もある．しかしそれは左右を反対に読むだけの相違である．

機械は次のような種類の有限個の 4 項列によって完全に規定される：

	状態	見られている記号	動作	次の状態	
(i)	q_i	S_j	S_k	q_l	(記号をおきかえる)
(ii)	q_i	S_j	R	q_l	(右へ動かす)
(iii)	q_i	S_j	L	q_l	(左へ動かす)

このような機械がどんなふうに運転するかを簡単に示そう.

計算機の働きの一意的な確定は, どんな二つの4項列も同じ対〈状態, 記号〉では始まっていないという要請[注3]によって保証されるだろう. もし計算機がそのどんな4項列にもないような〈状態, 記号〉の組合せに到達したならば, 計算機は止まる. もし計算機が

$$\downarrow q_k \text{ (above } S_{i_2}\text{)}$$

…	S_{i_0}	S_{i_1}	S_{i_2}	S_{i_3}	S_{i_4}	S_{i_5}	…

のように1区画を見て状態 q_k にあるならば, この状況を

$$\cdots\ S_{i_0}\ S_{i_1}\ q_k\ S_{i_2}\ S_{i_3}\ S_{i_4}\ S_{i_5}\ \cdots$$

によって表わす(**時点表示**とよぶことがある. 文献 [9]).

たとえば, 計算機が指令 $q_1\ S_1\ L\ q_2$ と $q_2\ S_2\ L\ q_2$ とをもっていて, テープの空白でない区画の部分がその上に記号

$$S_1\ S_2\ S_2\ S_1\ S_2\ \cdots\ S_2$$

をもっていたと仮定しよう. さらに計算機は第2の S_1 を見て状態 q_1 にあるとしよう. すなわち

$$S_1\ S_2\ S_2\ q_1\ S_1\ S_2\ \cdots\ S_1$$

となっているとする. そのとき命令 $q_1 S_1 L q_2$ が履行されて, 状況は

$$S_1\ S_2\ q_2\ S_2\ S_1\ S_2\ \cdots\ S_1$$

となる. 次に第2の命令 $q_2 S_2 L q_2$ が履行され

$$S_1\ q_2\ S_2\ S_2\ S_1\ S_2\ \cdots\ S_1$$

が得られる. これはくり返されて

$$q_2\ S_1\ S_2\ S_2\ S_1\ S_2\ \cdots\ S_1$$

となる. ところが $q_2 S_1$ で始まる命令がないから計算機はここで止まる.

計算機の命令表を作る際, 同時には1個の区画だけを見ることができるだけであるという計算機の立場に立って見ることは有用である. 内部状態は以前に見た状況の‘頭脳中の覚書き’に対応するから, それは

テープの一つの部分の‘記憶’を他の部分へもってゆくことを可能にする.

実際には‘表’は簡単な計算についてさえ急速に長くなる; よってわれわれはいろいろな計算の中に含まれた仕事を実行する基本的な計算機のストックを作っておく. そうすれば, ある複雑な計算機を作る際, 基本計算機を組合せることができるように各 q に適当に添数を割り当てておけば——これはよくやることである (たとえば, もし第1の計算機が $q_1, \cdots, q_{20}$ を用い, 第2の計算機が $q_1, \cdots, q_{12}$ を用いているなら, 第2の計算機の各 q の番号をつけ直して, たとえば $q_{21}, q_{22}, \cdots, q_{32}$ とする) ——作りたい計算機の命令表の中のいくつかの行を, すでにそれについての計算機が構成ずみの仕事でおきかえることができる.

基本的ないくつかの仕事の例として次のものをあげよう:

1. 右へ行って S_j を捜すこと

状態	見られている記号	動作	次の状態
q_0	S_0	R	q_0
q_0	S_1	R	q_0
	$\vdots$		
q_0	S_{j-1}	R	q_0
q_0	S_j	S_j	q_1
q_0	S_{j+1}	R	q_0
	$\vdots$		
q_0	S_n	R	q_0

この機械は S_j 上で止まる. もしこの計算機をさらに動かしたければ, この後へつけ加える4項列の最初の状態として q_1 を用いればよい. たとえば, 上のリストの各4項列において q_0 を q_2 で, q_1 を q_3 でおきかえたものを新しくつけ加え, さらに $q_1 S_j R q_2$ を加えると最初の出発点からみて右方にある二つ目の S_j を捜し求めることになる. ‘左へ行って捜す’機械ももちろん同様に作れる.

2. 記号 S に目印 $'$ をつけること

$$q_0 \quad S \quad S' \quad q_0$$

同様に, $q_1 S' S q_0$ は S' から‘目印 $'$ を除く’. S' を単独の記号として取り扱わなければならないが, 目印をつけたり取り除いたりするというすべての便宜を得ることができる. 区画上に目印 $'$ をつけるということはその区画上の記号 S を S' でおきかえることにほかならない.

3. 右へ行ってすべての目印 $'$ を消すこと.

$$\left.\begin{matrix} q_0 & S & R & q_0 \\ q_0 & S' & S & q_0 \end{matrix}\right\}$$ 計算機の字母系の中のすべての記号 S, S' に対して

もしこの機械が与えられた記号たとえば空白 □ で止まることを望むならば，第2要素が □ であるすべての4項列を除いておけばよい.

（目印はいくつかの形で用いられ，チューリング計算機論での不可欠な技術である. 基本的理由は，どの機械も内部記憶装置をもっているということである；すなわち内部状態の個数はあらかじめ限られているのに，一般的計算は無制限量の記憶を要求するからである. たとえば，テープ上に与えられた記号の二つのブロックの長さを比較しようとするとき，機械が内部状態だけにたよることはできない. もし機械が n 個の状態をもつならば，長さが高々 $n+1$ の二つのブロックであって異なる長さをもち，しかも機械がその両ブロックを渡りきった後同じ内部状態に達するようなものがある. したがって，そのテープ上につける目印にもとづいてのみこのような2ブロックの長さの相異を判定できるだけである. この比較を行なう最も明白な方法は，二つのブロック間をジグザグに前進後退し一つのブロックを訪れるごとに1個の区画に目印をつけ，一方のブロックが尽きるまでこれを続けることである（なお次に述べる例も参照されたい).）

4. 見られている区画の（自分自身も含めて）右方の各記号をそれぞれ右へ1区画ずつ動かす.

この計算機は各記号 S_i につき二つの特別な状態を必要とする. したがって，それらの役割を明瞭に示すためにこれらの状態につける添字として対応する（数字でなく）文字を用いる. 'S_i を記憶する' 状態を q_{RS_i} で表わす. 計算機は記号 S_i を見ると状態 q_{RS_i} になる. 次に 'S_i を伝える' 状態を q_{DS_i} で表わす. 計算機は以前に記号 S_i をつけていた区画から出ていくとき状態 q_{DS_i} になる. そのとき，もとの機械の記号の各組 S_i, S_j ($i=j$ を許す) に対し次の4項列をリストに入れる.

$$\begin{matrix} q_0 & S_i & \square & q_{RS_i} \\ q_{RS_i} & S_j & R & q_{DS_i} \\ q_{DS_i} & S_j & S_i & q_{RS_j} \end{matrix}$$

もし計算機がある末端印 S_k に到達したとき止まるようにしたいなら，ある停止状態へ移るために q_{DS_k} の4項列を変更する．

さて，複雑な仕事が基本作業からどのように合成されるかを示す1例として記号1のみから成るテープ上の1ブロックがあるとき，それと同じブロックをテープの別の場所へもう一つ作るチューリング計算機をあげよう．下の図は，初期状況から始まって4項列と基本作業が適用されたとき，その結果起こる諸状況を表わしている．機械はテープの空白部

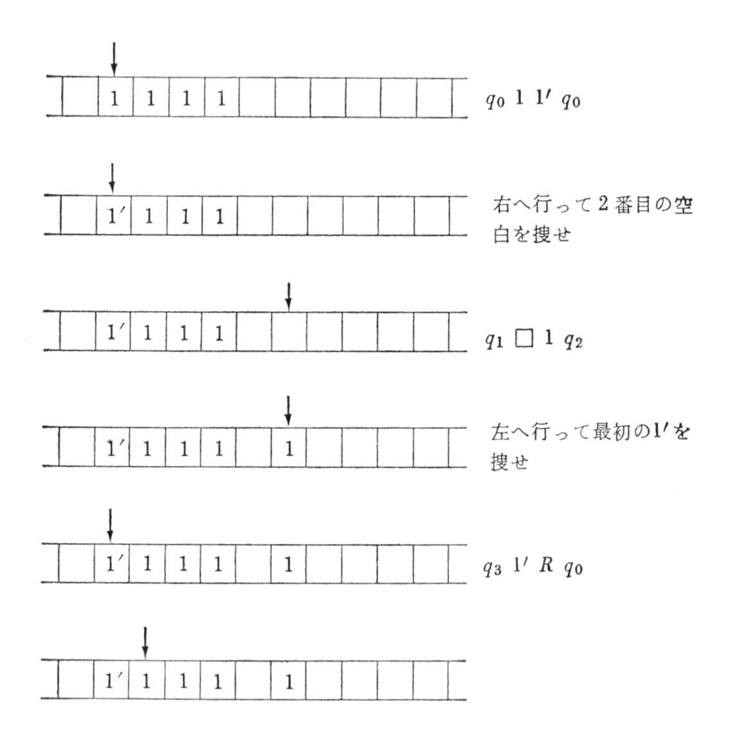

分へ一度に1区画をコピーするが，そうする前にコピーさるべき各記号に目印をつけておく．与えられたブロックに残されている目印なしの区画がもはやないようになったとき，機械は全ブロックをコピーし終ったわけで，その後目印をすべて消して止まるのである．

この循環をくり返すと次のようになる．

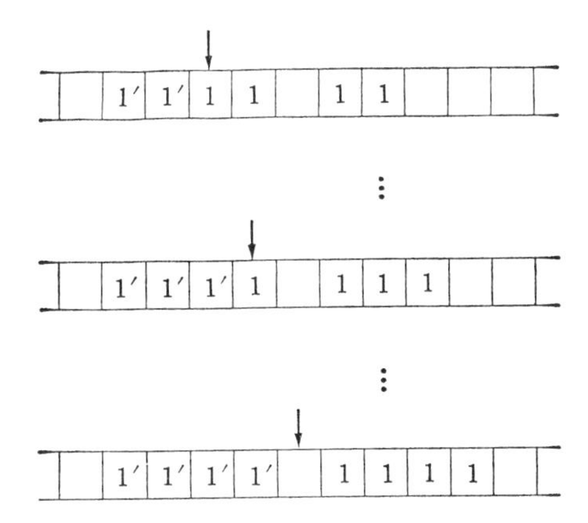

この時点で機械は空白 □ を見て状態 q_0 にあり，これはまだ4項列が対応しないような状況である．よって‘左へ行って目印 ′ を消せ’という命令を加える．これを適用した後で，テープは

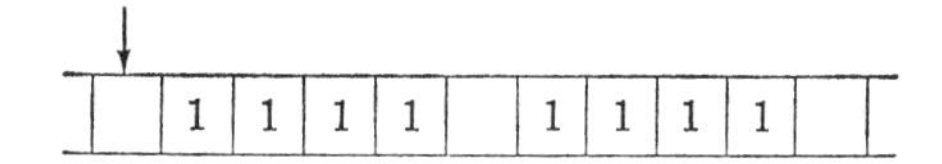

となる．上の表の中の基本作業を4項列で表わし，次々に基本作業を組合せることができるように状態の添数を整理すれば，この計算機に対する4項列の標準表を得ることができる．

部分帰納的関数

自然数 n を表わす標準的方法として $n+1$ 個の1のブロックをとる(0に対する印を必要とする；だから機械はそれがある物で表示されていることを知っている)．そのとき各チューリング計算機 M と一つの部分関数 f が組合される；ここに $f(n)$ は M が数 n の表現で始まる計算を完結した後 M のテープ上に残っている1の個数である．‘部分的’と書いた理由は，ある n に対して計算が完結しないことがありうる――すなわち M が停止しないことがありうる――からである．

自然数の k-組（順序のついた k 個の数の集合）は1個ずつ空白区画で分離された k 個のブロックとして表示される．たとえば，$\langle 2,0,3\rangle$ は次のテープで表わされる：

	1	1	1		1		1	1	1	1	

これを用いて，各チューリング計算機 M と一つの k–変数部分関数が組合される．

定義 部分関数 f はもし f が上のような仕方で，あるチューリング計算機 M と組合されるならば，**部分帰納的**であるとよばれる．さらに f が変数のすべての値に対し定義されているならば（すなわち f が**全域的**であれば），f は**帰納的**であるとよばれる．

かくて，すべての（実際的）計算がチューリング計算機によって行なうことができるということを承認するならば，計算可能な部分関数というものは正確に部分帰納的関数である（われわれは全域的関数のみよりもむしろ部分関数を考察するように強制される．なぜかというと帰納的関数全体を抽出する計算可能な方法が存在しないからである．このことは，後でチューリング計算機の停止問題を論ずる際明らかとなる）．

上で具体的に記述した計算機は関数 $f(n) = 2(n + 1)$ が部分帰納的であることを示している；また $f(m, n) = m \cdot n$ や他のよく知られた関数が部分帰納的であることを示す計算機を多少手間はかかるが構成することができる．

計算可能性の概念と**アルゴリズム（算法）による問題の可解性**の概念が結びつけられる．この問題というのは，無限個の問 Q から成る問のクラスに答える一様な方法を捜し求める問題のことである．たとえば，Q は次のような問である：

$Q = Q(a, b, c)$：自然数 a, b, c に対し c は a と b の最大公約数であるか?

よく知られているように，ユークリッド互除法がこの問題を解くために利用される；そしてこの問題に対し，どんな3項列 $\langle a, b, c\rangle$ についても（たとえば Q が YES と答えたならば記号1をもつ区画を見て停止することによって）ついに信号 YES を出すか，そうでなければ（空白の区画 □ 上で止まることによって）信号 NO を出すようなチューリング計算機 M を構成することができる．

一般に，問 Q のクラスがある有限字母系による自然な表現をもっていてチューリング計算機のテープ上にそれをおくことができるならば，

次の定義を立てることができる:

定義　問 Q のクラスが**可解**である(または**決定可能**である)とは,次のようなチューリング計算機 M が存在することである: M がどの問 Q に適用されたときも, Q への答が YES ならば M はついには記号 1 の上で止まり, NO ならば空白 □ の上で止まる.

チューリング計算機の標準的な記述

本節は,しばしば'対角線論法'とよばれる議論に基盤をおいている.実数全体の集合が非可算であるというカントルの証明や(次章で見るように)それ自身の証明不可能性を主張するゲーデル文はこの型の議論の好例である.対角線論法はよく疑いをもって見られることがある;しかしながら,実際はそれは完全に具体的なものであり,背理的なものではない.チューリング計算機の場合それはどんなチューリング計算機も記号の有限列で記述できるという事実にもとづいており,記号の有限列というものは正にチューリング計算機自体がそれに作用することができるものなのである.

各チューリング計算機は有限個の記号のみを要求するだけであるから一般性を失うことなく,これらの記号がリスト

$$\square, 1, 1', 1'', 1''', \cdots$$

の中からえらばれると仮定してよい.状態記号もまたリスト

$$q, q', q'', q''', \cdots$$

からえらばれるとしてよろしい.そのときこれらの各々を個々の記号ではなくて

$$\square, 1, q, '$$

を用いて作られた記号列と考えるならば,どんな4項列も記号

$$\square, 1, q, ', R, L$$

だけを用いて書き表わすことができ,したがってどんなチューリング計算機も4項列をひとまとめにして1列に並べることにより6文字字母系の一つの**語**として表わすことができる.たとえば,計算機

$$\begin{matrix} q_0 & 1 & R & q_1 \\ q_1 & 1'' & 1' & q_2 \end{matrix}$$

は次の語によって表わされることになる:

$$q\ 1\ R\ q'\ q'\ 1''\ 1'\ q''.$$

このような表現はあいまいさがなく，しかもそれを別のチューリング計算機の入力として用いることができる．しかしわれわれの計算機は記号 $\square, 1, 1', 1'', \cdots$ 上で作動するように制限されていたから，まず上記6文字を標準字母系によってコード化しなければならない．これを次のように行なう:

$$\square \leftrightarrow \square$$
$$1 \leftrightarrow 1$$
$$' \leftrightarrow 1'$$
$$q \leftrightarrow 1''$$
$$R \leftrightarrow 1'''$$
$$L \leftrightarrow 1''''$$

計算機 M と組合されたこの字母系で作られた語を M の**標準表示**とよび，$\ulcorner M \urcorner$ で表わす．上例では

$$\ulcorner M \urcorner = 1''\ 1\ 1'''\ 1''\ 1'\ 1''\ 1'\ 1\ 1'\ 1'\ 1\ 1'\ 1''\ 1'\ 1'$$

となる．

非可解問題

次のような無限個の問のクラスを考える（いわゆる‘停止問題’の一形である）．

Q_M: チューリング計算機 M に入力として $\ulcorner M \urcorner$ を与えたとき，M はついに空白 $\square$ 上で止まるか?

問 Q_M を語 $\ulcorner M \urcorner$ で表わすと仮定してよい；なぜならこの語は必要な情報をすべて含んでいるからである．この問題を解く計算機 S がもしあれば，それは入力として語 $\ulcorner M \urcorner$ をとるとついには Q_M の答が YES なら1上で止まり，答が NO なら $\square$ 上で止まるはずのものである．

しかし，S はどんなふうに $\ulcorner S \urcorner$ 上で動作するのであろうか? もし S が1上で止まればこれは問 Q_S の答が YES であることを意味する，すなわち S が $\ulcorner S \urcorner$ へ適用された後 $\square$ 上で止まるわけである．また，もし S が $\square$ 上で止まればこのことは Q_S の答が NO であることを示すから，S は $\square$ 上では止まらないわけである．いずれにしろ不合理である

から，このような計算機 S は存在しえない．したがって，**問 Q_M のクラスによって表わされる問題を解く一般的方法は存在しない**と結論される．このことをわれわれは Q_M がアルゴリズム的に**非可解**であるという．

この問題の組立てが計算機による YES と NO の信号法に対するわれわれの約束を不当に利用していると人は疑問をもつかもしれない．しかしながら，他の約束の下でその問題を解こうとするどんな他の計算機 T も，あの協定した約束の下でその問題を解く計算機へ必ず転換できるのである——それは単に，T の YES を 1 へ，T の NO を □ へ翻訳する計算機に T をつなぐだけでよいのである．このような合成計算機は上記の議論によって存在しえない；したがってこのような T も存在することはできない．

同じ論法はその問題の他の目的にも適応する——それは Q_M を表示するその方法である．Q_M のどんな合理的表現に対しても「M」をこの表現へ転換するチューリング計算機が存在するということである．したがって，これを新しい表現による仮想的解に結合させることによって，われわれが不可能であると示した解を再び与えることができるのである．

特にその問題は純粋に数値的表現を与えることができる——「M」を 6 進数と解釈し

$$\psi(M)=\begin{cases}1 & Q_M \text{ の答が YES のとき}\\ 0 & Q_M \text{ の答が NO のとき}\end{cases}$$

なる関数を計算しようとする．そのときどんな計算機もこれを行なうことができないから，ψ は部分帰納的でない関数である．

この問題のもつ不快さのさらにその他の原因は次のように言い表わされる：このような決定不能性の結果は，もしそれらがすべて病理学的な‘自己引照’構成にもとづくなら一体どんな数学的意義があるのか？これに対する答は，同じ病状が述語論理や群論のようなうわべだけ健康的な構造の中にも実際に現われるということである．これらの理論のどちらにおいても，決定可能性問題の解があるとすればそれはあの Q_M の問題の解を生み出してしまうことを示すことができる（第5章で述語論理に対し行なわれる）．

万能チューリング計算機

すべてのチューリング計算機の働きを包含する計算機がそれほど有能でない——むしろ無能である——という理由で Q_M に関するあの問題が可解でないということが考えられるかもしれない. 実際, どんな計算機 M の標準表示 $\ulcorner M \urcorner$ も, またどんなテープ上の記号列 (テープ表現) P のコード $\ulcorner P \urcorner$ をもとることができ, 入力 P に対する M の動作を真似するように作動する計算機——**万能計算機** U——が存在する. よってわれわれは, 代りに非可解問題が U に関係して存在するという結論を強制される.

以下で定義するように, U は語 $*\ulcorner M \urcorner ** \ulcorner\ulcorner M \urcorner\urcorner *$ が与えられていれば入力 $\ulcorner M \urcorner$ に適用された M の動作を真似するであろう ($*$ はテープの関連する部分の端を見つけることができる印としてと, 計算機の記述とテープ上のデータとの間の分離として用いられる). したがって, この形の語が入力された後 U がついに □ 上で止まるかどうかを決定するアルゴリズムは存在しえない. なぜなら, □ は □ によってコードされており, したがって M が □ 上で止まるのは真似が □ 上で止まるときかつそのときに限るからである. それゆえ, 次のような問からなるクラスを決定するアルゴリズムは存在しない:

Q_W: 語 W が入力されたとき U はついに □ 上で止まるか?

Q_M についてのあの問題を1個の計算機に関する問題へ '圧縮' したことは, 述語論理に対する決定不能性の証明にとって決定的である. なぜなら, われわれは結局この計算機 U を述語論理の論理式 φ としてコード化し, 与えられた入力上での U の働きを φ の論理的結果として表現することになるからである.

さて, 万能計算機の存在であるが, これは与えられた計算機 M のテープ表現 P への働きを再生するアルゴリズムが存在することを悟ればすぐに明白になるであろう. M の4項列のうち, 今現われている内部状態と P の今見られている区画とへ印をつけるために目印が用いられる. それらの間を行ったり来たりして, 適用されつつある4項列が命令したように P の中の記号の変更を実行したり, 次の状態で始まる4項列を捜したり, あるいは現状態についている目印を次の状態へ移したり等々することは単純な動作である.

U は有限個の内部状態しかもたないから，有限個の記号を読んだり'記憶' したりすることができるだけであるという事実によって技術的な困難が起こる. これは次のような意味である: U は真似している計算機 M の中の異なった状態や記号を表わすために異なった長さの記号のブロックで運転し，それらが実際に同じ記号を表わしているかどうかを見るために区画から区画へといくつかのブロックを苦心して比較しなければならない. また一つの記号をもう一つの記号でおきかえるために，U は実際一つのブロックを一般には異なった長さの他のブロックでおきかえなければならない. したがって, U のテープ表現のいろいろな部分を新しく作られつつあるブロックがその適する場所に見つかるまで右や左へくり返しくり返し1区画ずつ移さなければならない.

これらすべての働きは 1~4 のような基本作業から合成によって完成

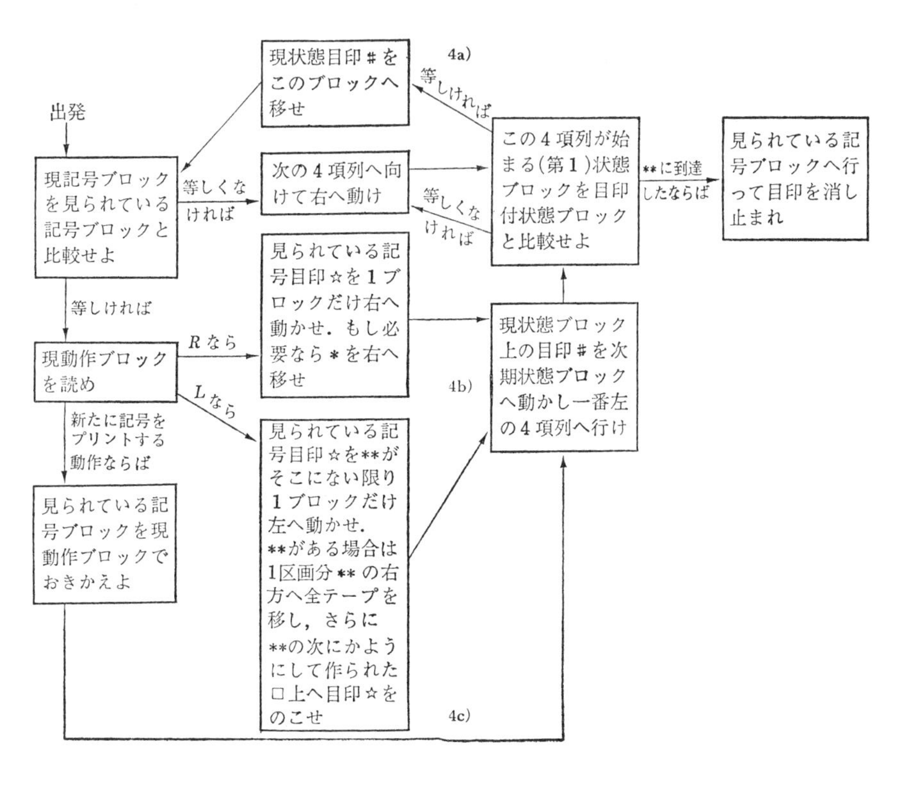

される；そしてこれを見るために何百もの4項列のリストを作るよりもむしろ U の根本的な構造の図式を与えるほうが好ましいであろう.

上述のように U は $*\ulcorner M\urcorner**\ulcorner P\urcorner*$ なる形のテープに適用され，M の中の現状態ブロック上と P の中の見られている記号ブロック上とに目印がつけられている（$*$ はもちろん標準字母系内のある記号，たとえば $1'''''$ であるべきである）．現状態ブロックの後には‘現記号ブロック’，‘現動作ブロック’および‘次期状態ブロック’が続いている．U はそのとき，前ページのような流れ図によって記述される.

語の変換によるチューリング計算機

テープが各時点で有限個の符号のみを含むような計算機を取り扱っているから，与えられた計算機の状況でのすべての本質的情報は次のような一つの語の中にコード化してしまうことができる：その語は (i) 見られている区画とすべての印とを含むテープの部分にある記号列を含み，(ii) 見られている区画の位置と現状態とを含む．これを実行する一つの方法は次の例で示される.

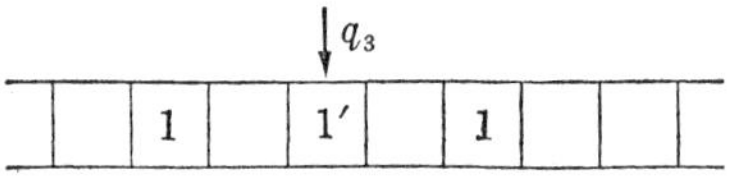

		1		1′		1			

（区画 1′ の上に矢印 q_3）を語 $*1\square q_3 1'\square 1*$ で表わす.

（状態記号は見られている区画を表わす記号の左隣におかれ，$*$ は末端の目印として用いられる.）

もしこのような語 W を状況表示語とよぶならば，すぐ次に結果として生ずる状況は W の中に現われる組合せ $q_i\ S_j$ を含む変換によって決定されることになる．W から W' への変換は次のような語変換によって遂行することができる.

4項列の型	変換
$q_i\ S_j\ S_k\ q_l$	$q_iS_l \rightarrowtail q_lS_k$
$q_i\ S_j\ R\ q_l$	$q_iS_jS_k \rightarrowtail S_iq_lS_k$（各 S_k に対し）
	$q_iS_j* \rightarrowtail S_jq_l\square*$
$q_i\ S_j\ L\ q_l$	$S_kq_iS_l \rightarrowtail q_lS_kS_j$（各 S_k に対し）
	$*q_iS_j \rightarrowtail *q_l\square S_j$

* は要するに q 記号を左右へ動かすとき，必要ならばいつでも利用できるように新たに空白を作るためのものである．

与えられた計算機 M はこのようにしてその4項列に対応する語変換の有限集合によって表示可能である．任意の状況表示語が与えられたとき，これらの変換の高々一つがそれに適応し，得られた語の列は M の状況表示語を正しく反映する．特に M が □ 上で停止する状況は，M に対するどんな変換の左辺にも現われないような組合せ q_h□ を含む語に対応する．

M に対する変換のほかに，今述べたような各組合せ q_h□ に対し次の変換を作って加えよう：

$$q_h\Box \rightarrowtail \Diamond \quad (\Diamond \text{ は新記号}),$$

$$\left.\begin{array}{r}\Diamond S \rightarrowtail \Diamond \\ S\Diamond \rightarrowtail \Diamond\end{array}\right\}(\text{他の任意の記号 } S \text{ に対し}).$$

かくて計算機 M が（その上で）停止する語が出現すると，語 ◇ のみを残して他のすべての記号を飲み込んでしまう新記号 ◇ が作り出されることになる．M に対する変換と違って，これら3種の変換は完全には決定性的でない（これは調整できるが）；なぜなら，与えられた語に対し適用の仕方が一意的にきまらないからである[注5)]．しかしそれらは最初の状況表示語が □-状況での停止へ導く場合にのみ適用される（ことに注意すれば，それほど不便ではないことがわかるだろう）．

このように拡張された変換の集合を M-計算法とよび，W_1 を W_2 へ移す M-計算法の変換列があるならば

$$W_1 \rightarrowtail W_2$$

と書くことにする．そのときもし W が状況表示語ならば，$W \rightarrowtail \Diamond$ となるのは W によって記述された状況で M が出発した後ついに □ 上で停止するときかつそのときに限る．よって，M として □ 上で停止するかどうかを決定する問題が可解でないような計算機——たとえば U ——をとることにより，次のような**非可解問題**が得られる．

任意に与えられた語 W に対し，U-計算法の変換によって $W \rightarrowtail \Diamond$ となるかどうかを決定せよ．

述語論理での語変換の表現

本節では停止問題が，上述の U–計算法における変換問題を用いて，結局述語論理における決定可能性の問題へ翻訳されることを示す．われわれは U–計算法の各記号 □，1，◇，* を定数(記号)としてもち，語どうしを結ぶ関数(記号) f と変換に対する 2 項述語(記号) Tr とをもつ言語を用いる．

関数記号は述語論理から原則として消去できるが，関数記号は語変換と演繹の間の平行性を一層わかりやすくするから，ここではそれを用いることにする．

1. 文字を結びつける関数

関数 $f(x, y)$ を考えるが，簡単のためそれを (xy) と書く．それは公理

(1) $$(x(yz)) = ((xy)z)$$

によって支配されているとする．そのときどんな語も定数項と考えることができる．たとえば

$$*\square q_3 1* \text{ は } (*(\square(q_3(1(*)))))$$

である．公理 (1) は好きなように括弧を再整理することを許す．よって括弧は実際には不要で，したがって今後それらを省くことにする．

2. 変換に対する公理

任意の項 t_1, t_2 に対し $t_1 \rightarrowtail t_2$ を述語論理の論理式と考える(好むならそれを一層慣例的に $\mathrm{Tr}(t_1, t_2)$ と表わしてもよい)．t_1, t_2 が定数項 W_1, W_2 であるとき，論理式 $W_1 \rightarrowtail W_2$ は W_1 が U–計算法によって W_2 へ変換可能であることを主張する．

われわれは，‘論理式 $W_1 \rightarrowtail W_2$ の導出が可能であるための必要十分条件は変換 $W_1 \rightarrowtail W_2$ が実際に成り立つことである’ を保証するのに十分な公理を書き下したい．

まず，U–計算法の各変換 $T \rightarrowtail T'$ に対し，論理式

(2) $$xTy \rightarrowtail xT'y$$

を書く．そのとき W' が U–計算法で W からの直接結果(注6)であれば，$W \rightarrowtail W'$ を次のように導出できる：W はある語 X, Y および U–計算法のある変換の左辺として現われるある T とに対し

$$W = XTY$$

という形をもたなければならない．しかしそのとき

$$W' = XT'Y$$

であり，(2) において変数 x，y に定数項 X，Y を代入することによって $XTY \rightarrowtail XT'Y$ が導出される．すなわち $W \rightarrowtail W'$ が導出された．また (2) から導出可能なすべての関係 $W \rightarrowtail W'$ が U–計算法における直接結果を正しく表現することも明白である．

そこで，W_1 が変換される任意の語 W_2 に対し $W_1 \rightarrowtail W_2$ が証明できるようにするために，公理

$$(3)\qquad (x \rightarrowtail y \ \& \ y \rightarrowtail z) \rightarrow (x \rightarrowtail z)$$

を加えなければならない．これについても (3) からの任意の導出が実際の語変換を正しく表現することは明白である．

このようにして，われわれは

$$(1)\&(2)\&(3) \vdash W_1 \rightarrowtail W_2 \iff W_1 \rightarrowtail W_2$$

を得る（ここで $\iff$ は前にも使ったように日本語の‘必要かつ十分である’の省略記法である）．

3.　公理の消去；決定不能性

U–計算法の中には有限個の変換 $T \rightarrowtail T'$ があるだけであるから，(1)，(2)，(3) の‘&’による結合は一つの論理式 φ をつくる．そのとき

$$W_1 \rightarrowtail W_2 \iff \varphi \vdash W_1 \rightarrowtail W_2 \iff \vdash \varphi \rightarrow (W_1 \rightarrowtail W_2).$$

特に任意の語 W に対し

$$W \rightarrowtail \Diamond \iff \vdash \varphi \rightarrow (W \rightarrowtail \Diamond)$$

が成り立つ．任意の W が与えられているとき論理式 $\varphi \rightarrow (W \rightarrowtail \Diamond)$ を具体的に構成できる；したがってもしこの論理式が，導出可能かどうかを決定できたとするならば，われわれは $W \rightarrowtail \Diamond$ であるかどうかを決定できることになってしまう．

ところが，前節で確立したように，この後者の問題は可解でない．したがって，述語論理における決定問題は可解でないことがわかった．すなわち，**述語論理において任意の論理式 ϕ が与えられたとき，述語論理の公理から ϕ が導出可能であるかどうかを決定できるアルゴリズムは存在しない．**

完全性定理によって，述語論理の導出可能な文（閉論理式）は普遍妥当文とちょうど一致する．よってこの結果は‘与えられた文が普遍妥当

であるかどうかを決定するアルゴリズムが存在しない' ことを示している.

第5章　ゲーデルの不完全性定理

今世紀初頭数学者ヒルベルトは，すべての真な数学命題を与えしかもそれら以外は与えないような形式的体系を求める問題を提出した．これは‘ヒルベルトのプログラム’とよばれる．しかしながら，最も単純な場合——形式的算術の場合——がこのプログラムを粉砕してしまった．形式的算術とは，自然数 0, 1, 2, … の算術，および加法，乗法のような普通の基本的関数を取り扱う形式的体系である．1931 年にゲーデルは次のことを証明した：もしある形式的体系——それを **F** とよぶことにする——が算術を含むならば，(i) 真であるが（形式的）証明可能でないような **F** の（あるいは実際算術の）命題が存在する，また (ii) **F** の無矛盾性が証明されるとすれば，そのためにわれわれは **F** より強い体系を必要とする．

本章ではまず人が算術で取り扱いたいと思っているような普通のものはすべて——フェルマーの最後定理のような風変りなものさえ含めてすべて——取り扱えるような強い形式的算術体系を記述する．次に‘自分は証明可能でない’ことを主張する論理式を提示する予定である．この論理式は真であり，したがって証明可能ではないのである．

実際，この論理式の概略を説明することはあまりむずかしくない．後で詳細を述べるが，しばらく $\exists x \mathrm{Pf}^{+}(x, b, c)$ と略記された論理式を考えよう．これは x が，ゲーデル数 b の論理式において自由変数 y に数字 $\bar{c}$ を代入することにより得られる論理式の証明のゲーデル数であるときのみ真であるとしよう（ここで説明なしに使った用語は後で解説される）．この論理式を普通の自然数の世界で解釈するとき，それは次のことを主張する．

x が，ゲーデル数 b の論理式のただ一つの自由変数へ $\bar{c}$ を代入して得られる論理式の形式的証明のゲーデル数である，というような x が存在する．

さて，論理式 $\neg\exists x \mathrm{Pf}^{+}(x, y, y)$ を考えよう．この論理式自身，ある

ゲーデル数たとえば g をもっている．このとき，あの y へ g の数字 $\overline{g}$ を代入したらどんなことが起こるであろうか，これを調べてみよう．もしこの論理式をよく検討するならば（そして後にこれをくり返すが），それが主張していることはこの正に同じ論理式の証明が存在せず，しかもそれが本当に真であるということである．この論理式の（形式的）証明は存在しない；なぜならもし存在したとすれば矛盾に至るであろう．実際，その証明もその否定の証明も存在しないことを示すことができる．詳細に補えば，そのとき得られるものは真であるが証明可能でない論理式となるであろう．さらにその他の副産物がある．われわれは実際，算術の中では算術の無矛盾性を証明することができないということを示すことができる．そして，これについての議論は前述の議論の形式化にもとづいているのである．

以上のことは，これから話を向けようとしている事柄である．そこで最初に帰って，基礎算術を考えることにする．算術の決定的容貌は何であろうか? われわれは0について語ることができてほしい；またどんな特別な数が与えられてもそれへ1を加えることができてほしい．もう一つ重要なものがある．われわれは数学的帰納法を使えてほしい．数学的帰納法は直観的にいえば次のことを主張している：もし0がある性質をもち，かつ任意特別な数 n がその性質をもつと仮定するときはいつでも $n+1$ がまたその性質をもつならば，あらゆる数がその性質をもつ．

これはたぶん，高等学校の数学以来親しんできているものであろう．論理式を書き下す際，数や帰納法を取り扱うあるものを作りうることはかなり明白である．そして前に注意したように，算術に対する合理的な形式的体系を含むどんな形式的体系についてもゲーデルの不完全性定理がそれに適応するのである．よってわれわれは，今まったく簡単な形式的体系を記述することにする．

零と解釈される定数記号 0 をもつ言語の中で考えよう．この言語は‘後者(関数)’と読む1変数関数記号 s をもち，それは‘1を加える’と解釈される．またこの言語はそれぞれ加える，掛ける，等しいと解釈される $+$，$\times$，$=$ をもつ．このほか述語論理の普通のすべての機構をもっているとする．さらにまた，その他の多くのものをもたせることもできる．たとえば，値として関数そのものをとるような変数をもたせることさえできる，等々．そういったことは少しも影響しない．証明はやはりうまくいくのである．実際，公理の問題に入るとき若干余分なものを入れることもできることがわかるであろう．しかしここで，ある制限をおかねばならない．もしあまりに多くの（もちろん無限個の）公理を投入するならば，ゲーデルの定理を証明できなくなるかもしれない．たとえば，われわれの形式言語の中の算術命題で真であるとわかるすべてのものを公理としてつけ加えるならば，真であるすべてのものが証明可能となりかつ証明可能なすべてのものが真となる．したがって，このようなことは行きすぎである．しかし，有限個の公理あるいは有限個の公理図式を加えるだけならば，ゲーデルの構成はこれを実行することができるであろう．

では，算術に対し公理として一体何をとるべきか? 実は次のもので十分である．まず等号公理である．それらは第3章ですでに取り扱われていた．本質的にわれわれが必要とするすべては次のようである:

(i)　$x = x$

(ii)　$x = y \to (x = z \to y = z)$

(iii)　$x = y \to (A(x, x) \to A(x, y))$，ここに A はわれわれの言語の論理式で自由変数を2個もつものなら何でもよい．これは次のことを主張する: もし x と y が同じならば一方がもつ性質は他方もこれをもつ．このことは，x と y を同一対象物であると考えているから確かにそうである．

これらはちょうど通常の等号公理系をなす（p. 28 のものと同値）.

われわれが必要とする特別な公理——算術を展開する上で必要な数学の公理——は何であろうか? ペアノは自然数を正確に特徴づける（非形式的数学における）公理を書き下した．これらのものの形式的対応物をもってくれば，われわれの目的にとって十分であるということがわかる．第1公理は 0 がどの数の後者にもならないことを主張する．

(a)　$$\neg 0 = sx$$

次のものは，どんな数が与えられてもその直前元は一意的であることを述べる．

(b)　$$sx = sy \to x = y$$

そこで，今度は加法と乗法がどんなふうにふるまうかを示す公理を必要とする；

(c) $x+0=x$

(d) $x+sy=s(x+y)$

(e) $x\times 0=0$

(f) $x\times sy=x\times y+x.$

今はこのように書いているが，実は正式にはたとえば $x+y$ は $+(x,y)$ と書くべきものであるが，慣例に従って $x+y$ と書くのである．それは単に技術上の策にすぎない．

われわれはまた帰納法公理を含むことを望むが，他の関数を支配する他の公理を含む必要はない；なぜなら合理的に思考できると思われるすべてのものは，これらの公理からストレートに得られるからである．しかし帰納法公理はやや特殊である．もちろん単なる1個の公理ではなく，それは公理図式である．自由変数 x をもつ任意の論理式 $P(x)$ が与えられているとき，帰納法公理図式から作られる公理として

(IS) $(P(0)\mathbin{\&}\forall x(P(x)\rightarrow P(sx)))\rightarrow\forall x\,P(x)$

をとる．

さてここで最初に尋ねる質問は：この体系はわれわれが望むすべてのものを与えるのに十分な力をもっているか？であり，その答は‘しかり’である．これに対し，ここでは読者からの挑戦を要請しない．ただ1例として‘x が y を割り切る’が，この体系では単に論理式

$$\exists z(x\times z=y)$$

で表示できることを注意するにとどめておこう．また x を割り切る数を考えることによって‘x が素数である’ことを主張する論理式を書くことはまったく容易である．

われわれはまた，すべての自然数 $0,1,2,\cdots$ の表現をもっている．これらはこの形式的体系ではそれぞれ**数字** $0,s0,ss0,\cdots$ で表わされる．0の前へ n 個の s の列をつけたものを $\bar{n}$ と書く．

これに関連して少し注釈しよう．$ss0$ は正確には $s(s(0))$ と書くべきであろう．これは2の表現である．もし $2+2=4$ をこの方法で書こうとすれば

(*) $s(s(0))+s(s(0))=s(s(s(s(0))))$

である．ところで，先に言っていたことは論理式を数によって表現する

ことであった．ゲーデルは今日**ゲーデル数**とよばれているものによってこの表現方法を発見した．われわれの言語を見てみよう．なすべきことは，この言語の基本記号すべてに数を割り当てることである．基本記号とは何か？ その言語は 0 をもっているから，これにゲーデル数として自然数 1 を与える（後に現われる技術的理由のためにゲーデル数は零でないようにしておく）．s は数 2 をとり，＋ は数 3 をとり，… というようにする：

0	1
s	2
$+$	3
$\times$	4
$=$	5
(	6
)	7
,	8
x	9
$\vert$	10
$\neg$	11
&	12
$\exists$	13

たくさんの変数 $x_1, x_2, \cdots$ が必要になる．便利な工夫は x の右下へ小さい縦棒をつけることである：

$$x_{|}, x_{||}, x_{|||}, \cdots.$$

われわれは $x_1, x_2, x_3, \cdots$ の代りにこれらを用いる．上に記したリストは，われわれの言語の中のすべての記号を網羅している．もしこのほかの記号を含ませたいならば，さらにそれらへ数を割り当てることができる．有限個の記号のみを用いるということが好都合なのである；そしてそのことは，なぜ変数として x へ棒をつけたものを用いるかの理由であるが，しかしそれは本質的なことではない．

もし $2+2=4$ に対し $+(s(s(0)), s(s(0))) = s(s(s(s(0))))$ なる形で上記のやや幽霊のような表現 (*) をとり，対応するゲーデル数を書き並べると，それは次のようになる：

3626261778262617775262626261 7777

それはそれでよい．このたくさんの数からいかにして $2+2=4$ を再現するかはまったく明白であるから．しかし，もし139のようなものをとれば一体どうなるだろうか? 13 を ∃, 9 を x とみてそれが $\exists x$ を表わすと解釈すべきか? はたまた1を0, 3を +, 9を x とみて $0+x$ に対する数と解釈すべきか? この場合，数139をどう解釈すべきかそれを決定する方法がない．そこで，二つ以上の解釈が起こらないようにするある工夫が必要となる．

今，単純な数たとえば622080を考えよう．これは $2^9 \cdot 3^5 \cdot 5^1$ と書くことができ，その書き方は底に使った素数を小さい順にとれば一意的にきまる．そこで $2^9 \cdot 3^5 \cdot 5^1$ を数列 9, 5, 1 をコードするものと考えればまったく安全である．なぜなら，この工夫を用いれば（有限）数列を正確に一通りの仕方でコード化できるからである．よって，たとえば $x=0$ に対する数コードを一意的に得ることができる．したがって，このように素数巾を用いるならば数列を1個の数でコード化でき，任意の数が与えられたときそれを常に素因数分解することによって一意的な仕方でわれわれの言語の表現を再現することができる（もちろんあらゆる数がわれわれの言語の表現をもつわけではない）．数は実際非常に大きくなるだろう，しかしこれは理論的に重要ではない．たとえば，$2+2=4$ の形式的表示 (*) に対する数は

$$2^3 \cdot 3^6 \cdot 5^2 \cdot 7^6 \cdot 11^2 \cdot 13^6 \cdot 17^1 \cdot 19^7 \cdot 23^7 \cdot 29^8 \cdot 31^2 \cdot 37^6 \cdot 41^2 \cdot 43^6 \cdot 47^1 \cdot$$
$$53^7 \cdot 59^7 \cdot 61^7 \cdot 67^5 \cdot 71^2 \cdot 73^6 \cdot 79^2 \cdot 83^6 \cdot 89^2 \cdot 97^6 \cdot 101^2 \cdot 103^6 \cdot 107^1 \cdot$$
$$109^7 \cdot 111^7 \cdot 127^7 \cdot 131^7$$

である．これはキチンと計算を実行すれば非常に大きい数であるが，そんなことは問題でない，なぜならわれわれは原理的にこれらの数を常に計算することができ，数学は原理と関係するだけで，ある数値表示を計算し尽してしまうような実際上の実行可能性とは関係しないからである．

もう一つの例として $\neg x=0$ をコードしてみよう．$\neg$ は 11 を，x は 9 を，= は 5 を，0 は 1 をとるから，この論理式に対するゲーデル数は $2^{11} \cdot 3^9 \cdot 5^5 \cdot 7^1$ である．論理式 φ のゲーデル数を $\ulcorner\varphi\urcorner$ と書く．よって $\ulcorner\neg x=0\urcorner = 2^{11} \cdot 3^9 \cdot 5^5 \cdot 7^1 = 881\,798\,400\,000$ である．論理式をコードしない数もある．たとえば，3 は $3=3^1=2^0 \cdot 3^1$ であり，それは

数列 0, 1 をコードしているが，この数列はわれわれの言語の論理式に対応するゲーデル数の列ではない．しかしそのような現象は一向にかまわない；なぜなら巾指数がすべて 1 と 13 の間にあるから，何をコードするかどうかを常に示すことができるからである．これらはわれわれが今まで用いてきた全部のものである．

先にわれわれは，数を数字によって表現できるといった．すなわち零を 0 で，一を $s(0)$ で，二を $s(s(0))$ で，… というように表わすことができる．そこで n が数字のゲーデル数であるかどうかを教える計算機があるか否かを知りたい．あるいは別様にいえば：数字のゲーデル数として可能なものは何か？と問うことができよう．もしあるものが数字なら，一つの可能性はそれが零であることであり，もう一つの可能性はそれがゲーデル数 2 をもつ s で始まりその後に1組の括弧がついていて中味はすでに数字であるとわかっているあるものである，ということである．これに対する計算機を書き下してみよう．

もちろん決定的な点はこれらすべての事柄が計算可能であるということである．実際われわれは，n がこの性質をもつかどうかを有限時間内に決定する計算機をもつことができる．われわれの言語での表現であるところの数字は次のように定義される：定数記号零は数字である；もし数字——それを θ としよう——が得られたならば $s(\theta)$ も数字である．よって，あるものが数字であるかどうかをちょうど計算する計算機は次のようなものである：まずわれわれの数にプラグを差し込む．零はゲーデル数1をもち，それは1個の数からなる列である；よって列0のゲーデル数として 2^1 すなわち2を得る．ゆえにまず $n=2$ か？と問う．もしYESならそれでよろしい，n は正に数字0のゲーデル数だから．もし答がNOなら，その数を素因数分解し最初の二つの素因数の巾指数が s に対する数2と左括弧（に対する数6であるかどうかを問う，また最後の素数の巾指数が右括弧）に対するゲーデル数 7 であるかどうかを問う．その答がNOであればこのものは数字ではありえない．答がYESなら指数 2, 6, 7 に対応する s,（，）を取り除き，残りを n^* と再コードして出発点に帰る（注2を参照）．そうすると数はしだいに小さくなり，ついに答NOを得てそれが数字ではないとわかるか，YESを得てそれが数字であると判明する．どちらの場合にも手続きは結局止まる．

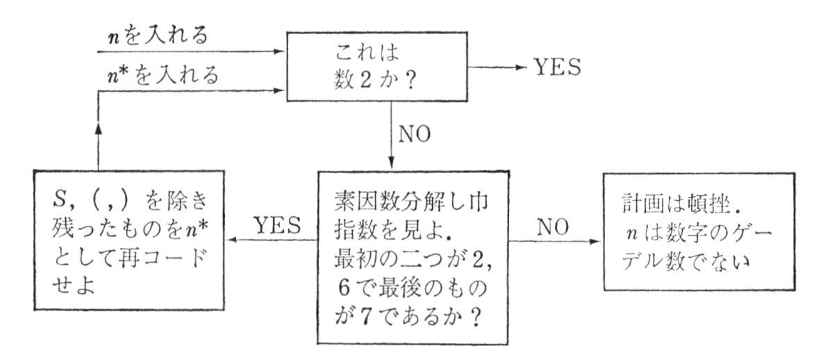

そこで，16 ページの論理式の定義へ戻ろう．われわれがなぜあのような特別の方法で論理式の定義を与えたかというもう一つの理由がわかるだろう．われわれが考察していた体系では，それがもっているただ一つの述語記号は = である．よって基本論理式[注1)]はまさしく意味のある等式である．これらは +，×，s などをもつある（多分複雑な）表現が別のある（多分複雑な）そういう表現と等しいことを主張しているものである．$0 = \neg + \neg$ のような表現は許さない．あの定義の第 2 条項は，もし A が論理式なら $\neg A$ も論理式であり，また A と B が論理式なら $(A \& B)$ もそうであることをいっている．第 3 条項は A が論理式で v が変数ならば $\exists v A$ は論理式であることをいっている（そしてこの構成で，変数 v は x の右下に何本か小さい縦棒をつけたものである）．

おしまいにこれで全部であるという条項がある．よって，もしこれを実際の論理式によって見てみるならば，与えられた記号列が論理式であるかどうかを決定するためにわれわれはまず第 1 に‘それは等式であるか?’と問う．もし答が YES ならそれでよろしい．その記号列は論理式である．しかしもし答が NO ならば次のように問うことができる：それは $\neg$ 記号で始まっているか? もしそうならはこれを取り除いて残りが等式であるかどうかを問う．もしこの問に対する答が YES なら再びこれでよろしい．もし答が NO なら，$\neg$ 記号をすべて取り去るまでこれをくり返す．こうした後になおわれわれは記号列をもっているであろう，しかしそれは $\neg$ 記号で始まっていないものである．そこで，次の場合を試みることができる：それは $(A \& B)$ という形であるか否か，すなわち左括弧，記号列，&，記号列，右括弧という形かどうかと問う．もしそうなら次に A と B がともに論理式であるかどうかを問う，またそうでなければ次の場合を試みる．かくて結局，もしそのことが適応しないならばそれが ∃ 記号で始まるかどうかを問う，… いずれにせよ，われわれが見ている記号は次第に短くなり，ついにはこの手続きが止まってしまう．

そこで今度は，ゲーデル数に対してこれとまったく同じことを行なおうというのである．われわれができることは次の問 Q に答えうる計算機を構成することである．

Q : n は論理式のゲーデル数であるか?

論理式のゲーデル数というのは $2^p \cdot 3^q \cdot 5^r \cdots$ という形の数であることを思い出そう；ここで巾指数は論理式の中の記号のゲーデル数である．

これを行なう際に1例としてここで，あるものが等式または変数のゲーデル数であるかどうかを決定する，より単純な作業を行なうある計算機を自由に使えるものとしてすでにもっていると仮定することにする．さてこのとき，問 Q に答える計算機の設計は何であろうか? まず第1に，われわれは数 n をとってそれが等式のゲーデル数であるかどうかを問う．答が YES なら止まる．しかしもし答が NO ならさらに行動する；n が $\neg$ 記号で始まる表示式のゲーデル数であるかどうかを問う(流れ図を見よ)．換言すれば，n はちょうど 2^{11} で割り切れて商として奇数が与えられるか? と問うのである．これはまったく直線的な数値計算である；退屈するが実行不可能ではない．もし答が YES なら，次になすべきことは記号 $\neg$ を取り除いて再コードすることである．それはこういう意味である：まず 2^{11} を取り除け，それから素数をもとへ戻し最小のもの 2 と最初の指数 11 を除いた指数列で始めよ(注2)．$\neg x = 0$ についていえば，新しくわれわれが得たものは $x = 0$ のゲーデル数である．そこで再コードされた数があれば，出発点に帰り再びやり直す．そして再コードされた数(すなわち $x = 0$ のゲーデル数)を入力として入れれば，今度は答 YES を得るのである．

しかし，論理式の定義にはその他の条項があって，われわれはこれをまだ取り扱っていない．よって NO を得る可能性がある．もし $\neg$ 記号または等式で出発しなかったなら & をもつことが可能である．よってわれわれは問う(ただし答 NO を得たとして)：

n は $(A \& B)$ なる形の表示式のゲーデル数であるか?

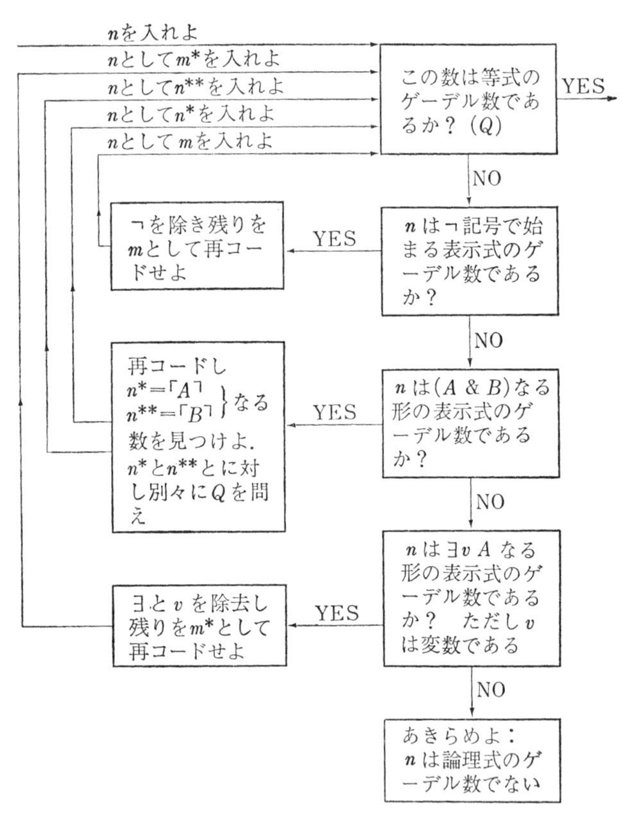

ここに A と B は必ずしも論理式であるとは仮定せず，単に記号列であるとするのである.

もしこの形の表示式であったなら，次になすべきことは A と B をとってそれぞれ n^*, n^{**} と再コードすることである. 再コードするといったときはそれは n が 2^6 で始まり，ある素数 p に対する p^7 で終ることを意味する. A の中のものに対応する指数列をとりそれを n^* として再コードする. 同様に B から n^{**} を得る，そして n^* に対し「A┐と，n^{**} に対し「B┐と書く. これらはわれわれが最初に出発した n より小さい数である注3). そこで n^* と n^{**} とに対し問 Q を尋ねる.

n^* は論理式のゲーデル数であるか? n^{**} はどうか?

もしそれらがともに論理式のゲーデル数ならば，全問に対する答として YES を得る. もしどちらか一方が NO なら計算機は NO といい，われわれは本物の論理式をもつことができなかったことがわかる．以上のことは表示式が $(A\&B)$ のように見えたか？ という問の答が YES である場合を完結する．

もし今の問の答が NO なら，さらにもう一つの可能性をさぐる．n は，∃記号で始まりその後に変数1個と A として引用する記号列とを従えた表示式のゲーデル数であるか？と問う．もし，答が YES なら∃と変数を取り除き，残り A を再コードし出発点に戻す．もし答が NO ならこれであきらめる．この計算機を注意深く眺めるならば未決状態はないことがわかるであろう．各段階でそれから必ず YES または NO がでてくる，そしてたとえどんな方法で進んでも YES か NO で終る．n^* や n^{**} を眺めなくてはならないが，これらの数は次第に小さくなって必ずついには手続きが止まるであろう．

ところで，読者は次のようにいうかもしれない：一体何が‘ある数がゲーデルの不完全性定理を取り扱うために得た表示式をコードするか否か’ということを教える仕事を受持つのか？と．数がある種の論理式のゲーデル数であるかどうかをチェックする（われわれがもちうる）すべての機械的装置は，ある意味で算術において表現可能であるということがわかる．これらの装置は算術の中で対応する論理式をもつ；だからわれわれは，算術の中で実世界で起こっているものに対応する結果を証明することができるのである．

これから行なう議論は，少し見慣れない文脈で表わすが，本質的には‘嘘つきの逆理’の類似物あるいは少なくとも嘘つきの逆理によって示唆されたものである．やろうとしているのは要するに‘私は証明可能でない’と主張する論理式を作ることである．われわれがこの論理式は証明可能でないと示すから，この事実によってそれが真であることがわかり，真であるが証明可能でない算術命題（論理式）が得られるわけである．すでに述べたところから，われわれは今やほとんど次の段階すなわち通常の（もし好むなら純正の）自然数についての諸関係に対応するある論理式を算術体系の中で書き下すという段階にきている．実際，今までわれわれは特別な帰納的述語について語ってきた．われわれは，‘算術の言語における論理式のゲーデル数である’という概念が帰納的であることを示すのにある程度までのことを行なってきた．それは実は計算可能である．すなわちわれわれは，任意に与えられた数が算術言語のある論理式のゲーデル数であるかどうかを決定する機械的手続きをもっている．

論理式の列もコードできるということはまだ述べていなかった．それは記号列をコードするのとちょうど同じ方法で行なわれる．たとえば

論理式列 $\varphi_1, \varphi_2, \varphi_3$ を $2^{\ulcorner\varphi_1\urcorner}\cdot 3^{\ulcorner\varphi_2\urcorner}\cdot 5^{\ulcorner\varphi_3\urcorner}$ とコードする，

ここに，$\ulcorner\varphi\urcorner$ は論理式 φ のゲーデル数を表わす．どんなコード化手続きに従うかはほとんど問題でない．与えられた数に対し，まずそれが列のコードであるかどうかまたは論理式のコードであるかどうかを教えることができ，第2にその列が何から成っているかを教えることができるという意味で，そのコード化手続きがうまく働いている限り何でもよいのである．

したがって，今や n が論理式の列のゲーデル数であるということは意味をなすことになった．さらに，証明というものは論理式の特別な列である，よって関係 $Pf(x, y)$ を考える．$Pf(x, y)$ は，x が論理式列のゲーデル数でありその列がゲーデル数 y の論理式の証明であるときのみ真であるとする．ところで，任意の2数 x，y の間に $Pf(x, y)$ なる関係が成り立つかどうかをチェックすることは機械的な(計算可能な)手続きである．(19 ページで) 論理式の証明を定義した方法を思い起こそう：証明とは，論理式の列で（われわれはあるものが論理式であるかどうかをチェックすることができ，したがって論理式の列であるかどうかもチェックできる）その各論理式が公理であるかまたは列の手前の論理式から推論法則によって得られたものになっているようなものである．さて，与えられた論理式が公理であるかどうかを教えることができる；なぜなら，公理はすべて認識可能な形で与えられているからである．また，推論法則は非常に単純である：含まれているものは与えられた論理式のある一定の‘切り刻み’である．これは純機械的なものであり，したがって $Pf(x, y)$ が計算可能であることがわかる．ここでわれわれは‘帰納的’と‘計算可能’とを同義語として用いる，よって換言すれば $Pf(x, y)$ は帰納的（関係）である[注4]．計算可能な手続きはすべてチューリング計算機によって実行できる，したがって，ここでわれわれがしようとしていることを正確に行なうような，すなわち $Pf(x, y)$ が成立するか否かを決定するチューリング計算機を実際に構成できるのである．

帰納的述語（関係）は非常に特殊な性質をもつ．それらは次の意味で表現可能なものと正確に一致する：n に対する数字は $\bar{n}$ と書かれた．たとえば $\bar{2}$ は $s(s(0))$ である．そこで自然数の間の一つの関係 $R(m,n)$ が与えられているとする．これに対し

（i）もし $R(m,n)$ が真ならば $\vdash \mathrm{R}(\bar{m},\bar{n})$,（$m$ と n は数字でないから $\vdash \mathrm{R}(m,n)$ と書くのは無意味である）.

（ii）もし $R(m,n)$ が偽ならば $\vdash \neg \mathrm{R}(\bar{m},\bar{n})$.

となるような算術の論理式 $\mathrm{R}(\mathrm{x},\mathrm{y})$ が存在するなら，$R(m,n)$ は算術において**表現可能**であるという（今後は‘算術において’という句を省略する）．この関係 R には2変数があるが，上の定義は何変数の関係についても適応する．以下本章では都合上，体系の変数と論理式を立体で表わし，それらを解釈するときはイタリック体を用いる．

興味深いのは，この性質をもたない関係が存在することである．実はこれが**ゲーデルの第1不完全性定理**の本質である．われわれは，真であるがそれ自身もその否定も証明可能でないあるものを見い出すのである．表現可能であることが容易にわかるようないくつかの特別な関係がある．相等関係は論理式 $\mathrm{x}=\mathrm{y}$ によって表現可能である，なぜなら m と n が等しければ

$$\vdash \bar{m}=\bar{n} \quad (\text{すなわち} \vdash \overbrace{s\cdots s}^{m\text{回}}0 = \overbrace{s\cdots s}^{n\text{回}}0)$$

であるからである．

実際そのとき $\bar{m}=\bar{n}$ が（$\neg 0 = s\mathrm{x}$ などの公理から）われわれの体系の形式的定理であることを示すことができる．証明はまったく初等的である　また，もし m と n が等しくなければ $\vdash \neg \bar{m}=\bar{n}$ であることも示される

もう一つの例を示そう．加法と乗法がこの体系で表現可能であることはかなり明白である．なぜならわれわれの言語の中に記号として $+$ と $\times$ をもっているからである．割算は言語の中に対応する記号がないにもかかわらず，やはり表現可能である．なんとなれば，‘m が n を割り切る’という関係は論理式 $\exists \mathrm{z}(\mathrm{x}\times\mathrm{z}=\mathrm{y})$ によって表現されるからである．もし，m が n を割り切るなら $\vdash \exists \mathrm{z}(\bar{m}\times\mathrm{z}=\bar{n})$ を導くことができ，またもし m が n を割り切らないならば $\vdash \neg\exists \mathrm{z}(\bar{m}\times\mathrm{z}=\bar{n})$ が得られる．ところが，実は**すべての**帰納的関係が表現可能であること

を示すことができるのである．ここでは特別な場合を二つだけとることにするが，一方は他方よりずっと複雑でゲーデルの不完全性定理を証明するのに使用される．

x がゲーデル数 y の論理式の証明のゲーデル数であるときのみ成立する関係 $Pf(x, y)$ を考える．そのとき算術体系の中の論理式で——それを $\mathrm{Pf}(\mathrm{x}, \mathrm{y})$ で表わす——$Pf(m, n)$ が真ならば実際に論理式 $\mathrm{Pf}(\bar{m}, \bar{n})$ を算術体系の中で証明できるようなものが存在する．そして，もし m がゲーデル数 n をもつ論理式の証明のゲーデル数でないならば（あるいは n が論理式のゲーデル数でないならばもちろん——そしてこのことはまったくありうることなのである——）論理式 $\neg\mathrm{Pf}(\bar{m}, \bar{n})$ を証明することができる．これが可能な理由はこの関係が帰納的であるということにある．そして前に述べたように，すべての帰納的関係は表現可能であった．

そこで次のことを考察しよう：もし $\mathrm{Pf}(\bar{m}, \bar{n})$ が証明できるならば，m は実際にゲーデル数 n をもつ論理式の証明のゲーデル数である．なぜこれがいえるかというと，もしそうでないとすれば $\vdash \neg\mathrm{Pf}(\bar{m}, \bar{n})$ が得られることになって不合理が生ずるからである．そこで，一層複雑な関係 $Pf^{+}(x, y, z)$ を考えよう．これを表現する論理式は本質的に対角線化論理式を与える（肩文字 $^{+}$ をつけたので，上に述べた関係 Pf と Pf^{+} を混同することはあるまい）．この関係は，y が自由変数をちょうど1個もつ論理式のゲーデル数で，x がゲーデル数 y の論理式の自由変数へ z に対する数字 $\bar{z}$ を代入して得られた論理式の証明のゲーデル数であるときのみ成立するものとする．これはやはり帰納的述語である．なんとなれば：3数 x, y, z が与えられているとき，y が論理式のゲーデル数であるかどうかは確かに決定できるし，その論理式を書いてみればそれがちょうど1個の自由変数をもつかどうかを決定することができる．もしそうなっていなければ，この述語は偽である．もしそうなら次の段階へ進み，数 x を調べる．x が，あの論理式へある代入を行なって，すなわち問題の論理式の自由変数の代りに $ss\cdots s0$（s は z 個）をおくことにより得られた論理式の証明のゲーデル数であるかどうかについて機械的にチェックする．

もし x がそのような数ならばその関係は真であり，そうでなければ偽である．このような手続きは明白に機械的な手続きである．ところが，すべての機械的にチェック可能な関係は表現可能である；したがって $Pf^{+}(x, y, z)$ は表現可能である．よって，それを表現する論理式を $\mathrm{Pf}^{+}(\mathrm{x}, \mathrm{y}, \mathrm{z})$ と書くことにする．

そこで‘x が，ある論理式においてその自由変数へその論理式自身のゲーデル数を代入することによって得られた論理式の証明のゲーデル数である’ことを主張する論理式を考察しよう．これは第1章で述べた対角線論法——実数全部を並べられるとして並べたとき，そのリストの第 n 番実数の小数展開でその第 n 位の数字を変えるという方法——にまったく類似する．ここでは第 y 番目の論理式が得られ，この論理式へ $\bar{y}$ を代入するのである．論理式

$$\neg\exists \mathrm{x}\, \mathrm{Pf}^{+}(\mathrm{x}, \mathrm{y}, \mathrm{y})$$

は1個の自由変数すなわちyをもつ．この論理式のゲーデル数を g とする．そこで，その論理式の中の自由変数yへその論理式自身のゲーデル数に対する数字を代入する；すなわちyに対し $\bar{g}$ を代入するのである．自由変数yは2回現われているから，$\bar{g}$ も2回代入されなければならない．この新論理式をGとよぶことにする．示したいことは，得られたこの論理式とその否定がともに算術体系で証明できないということである．

しばらくの間，この論理式が何を主張しているかを考えよう．‘この論理式が何を主張するか’という場合，それはこの論理式に対応する関係へもどるという意味である．そこでそれを形式的に読むと次のようである：x がゲーデル数 g をもつ論理式の証明のゲーデル数であるという条件をみたす x は存在しない（それはちょうど論理式 $\neg\exists \mathrm{x}\, \mathrm{Pf}^{+}(\mathrm{x}, \mathrm{y}, \mathrm{y})$ においてそのただ一つの自由変数yに数 g に対する数字 $\bar{g}$ を代入したものである）．換言すれば，自由変数yの代りに $\bar{g}$ を代入して得られる論理式の証明が存在しないということである．しかし，結果として生じた論理式はまさに論理式G自身である．よって論理式Gがいうことは：論理式Gの証明が存在しないということである．それゆえ，もしわれわれがその論理式を証明することができたならば，少々おどろきであろう，しかし実はそんなことはできないのである．これは，われわれが今示そうとしていることである．

まず第1に，Gを証明できると仮定しよう，換言すれば $\vdash \neg\exists \mathrm{x}\, \mathrm{Pf}^{+}(\mathrm{x}, \bar{g}, \bar{g})$ と仮定するのである．そうすればその証明があり，この証明は

あるゲーデル数をもっているからそれを m とする. m は, ゲーデル数 g の論理式においてその自由変数へ数字 $\bar{g}$ を代入して得られる論理式の証明のゲーデル数である. よって $Pf^{+}(m, g, g)$ は真である. しかしそれが真ならば, $Pf^{+}(x, y, z)$ が算術体系で $\mathrm{Pf}^{+}(\mathrm{x}, \mathrm{y}, \mathrm{z})$ によって表現可能であることから, われわれは対応する論理式 $\mathrm{Pf}^{+}(\bar{m}, \bar{g}, \bar{g})$ を実際に証明することができる. そのときこれより, 述語論理における初等的計算によって $\exists \mathrm{x}\, \mathrm{Pf}^{+}(\mathrm{x}, \bar{g}, \bar{g})$ を証明することができる. 算術体系は無矛盾であると仮定しているから, これで不合理を得たわけである. かくてわれわれの仮定は偽であり, したがって論理式 G すなわち $\neg \exists \mathrm{x}\, \mathrm{Pf}^{+}(\mathrm{x}, \bar{g}, \bar{g})$ は証明可能でないことがわかった.

今度はこの論理式の否定 $\neg\neg \exists \mathrm{x}\, \mathrm{Pf}^{+}(\mathrm{x}, \bar{g}, \bar{g})$ が証明できたと仮定しよう. 否定記号が二つ続いているから, それらは打ち消される. よって $\exists \mathrm{x}\, \mathrm{Pf}^{+}(\mathrm{x}, \bar{g}, \bar{g})$ が証明できることになる. ところでわれわれは, 上でちょうど $\neg \exists \mathrm{x}\, \mathrm{Pf}^{+}(\mathrm{x}, \bar{g}, \bar{g})$ が証明できないことを示したばかりである. このことは, その証明のゲーデル数になる数をもつことができないことを意味する. よって 0 は G の証明のゲーデル数でなく, 1 は G の証明のゲーデル数でなく, 等々…である. これは何をいっているのであろうか? それは $Pf^{+}(0, g, g)$ が成立しないこと, $Pf^{+}(1, g, g)$ が成立しないこと等々…を主張している. すなわち, $Pf^{+}(0, g, g)$, $Pf^{+}(1, g, g)$ などはすべて偽である.

これらすべてが偽であるとしたら, 実際に各数 n に対し $\mathrm{Pf}^{+}(\bar{n}, \bar{g}, \bar{g})$ の否定を証明できることになる (なぜなら, $Pf^{+}(x, y, z)$ は表現可能だからである). もしあらゆる数 n に対しこれができるなら, $\neg \forall \mathrm{x} \neg \mathrm{Pf}^{+}(\mathrm{x}, \bar{g}, \bar{g})$ を証明することができることなんてまったくありそうにないであろう (これについては後でもう少し述べる). したがって $\exists \mathrm{x}\, \mathrm{Pf}^{+}(\mathrm{x}, \bar{g}, \bar{g})$ が証明できないということになるであろう. ところがわれわれは, それが証明できると仮定していた. よって不合理を得たから仮定は誤りで, したがってそれはやはり証明不可能である.

結局われわれは, この論理式 G がそれ自身も否定も証明可能でないという段階に到達したわけである. 前に注意したように, この論理式は '私は証明可能でない' ことを主張している; よって本当にその解釈は真である: それは証明可能でない. これによってゲーデルの不完全性定理が二つの意味で確立された．強い意味は‘それ自身もその否定も証明可能でない論理式が存在する’であり，弱い意味は‘真であるが算術体系では証明可能でない論理式が存在する’という**系**（corollary）である．

それではおしまいに，無矛盾性に関する一，二の注意で本章を締めくくることにしよう．われわれは初めからずっと，算術体系は無矛盾であると仮定してきた．そうしたことについて非常に有効な理由がある．われわれが日常生活で取り扱っている通常の算術は前に示した公理を明白にみたしている．よってこれらの公理は真であり，またわれわれは推論法則が真であるという性質を保存することを知っている．それゆえ，われわれが算術体系で証明できるすべてのものは真であり，したがって矛盾は生じえない．

しかしながら，上の議論において，無矛盾性に対しもう少し緻密な形を援用してみよう．上で，各数 n に対し $\vdash \neg \mathrm{Pf}^{+}(\bar{n}, \bar{g}, \bar{g})$ が成り立つということからわれわれは $\vdash \neg \forall \mathrm{x} \neg \mathrm{Pf}^{+}(\mathrm{x}, \bar{g}, \bar{g})$ が得られないだろうと結論した．よって上記証明中のこの段階で，われわれは ω–無矛盾性（として知られているもの）を仮定していることになるという注意をしなければならない（ここで ω はちょうど自然数全体を指している）．各自然数 n に対しそれに対する記号法（または数字）を含んでいる形式的体系を考える．このような体系が ω–矛盾的であるとは，各自然数 n に対し $\mathrm{A}(\bar{n})$ が証明できるとともに $\exists \mathrm{x} \neg \mathrm{A}(\mathrm{x})$ も証明できるような論理式 A が存在することである．ω–矛盾的でない体系を **ω–無矛盾**であるという．われわれの算術体系が ω–無矛盾であると仮定するのは十分合理的であると認められる．A として

$$\mathrm{x} = \mathrm{x}$$

のような簡単な論理式をとればすぐわかるように，体系が ω–無矛盾であればもちろんそれは普通の意味で無矛盾である[注5]．しかし逆はいえない．無矛盾であるが ω–無矛盾ではない体系が存在しうるのである[注6]．このことはただわれわれの議論の完全さのためにさしはさんだにすぎない．次の注意も同じ理由である．論理式 $\mathrm{Pf}^{+}(\mathrm{x}, \mathrm{y}, \mathrm{z})$ の定義を強めて ω–無矛盾性の仮定が不要であるようにすることが可能である（もちろん，体系が無矛盾であることは仮定しなければならない）．この結果は**バークレー・ロッサー**に負う．

われわれは $\exists x Pf^{+}(x, g, g)$ でないことを主張する論理式を考えた．ロッサーが作った修正論理式は次のことを主張するものである：もし x が幽霊のような論理式 $\neg\exists \mathrm{x}\, \mathrm{Pf}^{+}(\mathrm{x}, \bar{g}, \bar{g})$ のゲーデル数ならば，この論理式の否定の証明であるより小さいゲーデル数（$\leqq x$）が存在する．想像できるように，その論理式の説明はやや一層長たらしいが，議論は上で与えられたものとまったく類似なすじみちでうまくいくのである．

そこでもう一つおしまいの注意をしたい．それはゲーデルの第2不完全性定理である．これはその形式的体系での証明可能性について語るのみならず，その体系での証明可能性の限界について語ることを求める．ゲーデルの第2不完全性定理は次のようである：**算術の無矛盾性は算術の中では証明可能でない**．ここで算術とは，本章で今まで取り扱ってきたあの形式的算術のことである．もし論理式

$$0 = \bar{1}$$

をとるならば，0 がどんな数の直後元でもないという公理に矛盾する．よって，もしこの論理式を証明するならば，われわれは矛盾する体系をもつことになる；またもし矛盾する体系をもてば，この論理式を証明することができる．したがって，この論理式を証明することができないということは，体系が無矛盾であるということと同値である．そこでこの論理式のゲーデル数を k としよう．論理式 $\forall \mathrm{x} \neg \mathrm{Pf}(\mathrm{x}, \bar{k})$ を考察する．それは何を主張しているか？ その解釈は‘どんな x に対しても x はゲーデル数 k の論理式の証明のゲーデル数でない’ということである．換言すれば，論理式 $0 = \bar{1}$ の証明が存在しないということである．このことは $\forall \mathrm{x} \neg \mathrm{Pf}(\mathrm{x}, \bar{k})$をどう名づけるかを暗示している．われわれはこの論理式に Consis という名前を与えよう．

さてここで，われわれが次になすべきことを示すのは容易であるとはいわない．なぜならそれはまったく困難なことだからである．しかしそれは他のものより一層機械操作的なものである．われわれが実際にできることはそれを提示して形式化してきたすべての議論を行なうことである．先に述べた議論を形式算術の中で形式化するならば，われわれは論理式（Consis → G）を証明することができる．すなわち

$$\vdash (\mathrm{Consis} \rightarrow \mathrm{G})$$

をもっているわけである（G は論理式 $\neg\exists \mathrm{x}\, \mathrm{Pf}^{+}(\mathrm{x}, \bar{g}, \bar{g})$ のことであっ

た)．今までのすべての議論をとってきてそれらすべてを算術内に入れてしまう．あらゆることはまったく有限的方法でなされていた；だからわれわれは論理式 (Consis → G) が証明可能であるという事実を得たわけである．しかし，今もし算術の無矛盾性を主張する論理式を算術の中で証明できたと仮定するならば，すなわちもしも ⊢ Consis であったと仮定すれば，(モーダス・ポーネンスによって) われわれは論理式 G を証明できることになってしまう: ⊢ G．ところが，これが不可能であることはすでに示したとおりである．よって算術の無矛盾性を算術の中で証明することができるという仮定は誤りでなければならない．

それは正にゲーデルの第2不完全性定理が主張するところのものである．算術はそれ自身の無矛盾性を証明するためには十分でないのである．実は算術のどんな拡大体系もこの同じ欠陥をもっている[注7]；したがって，全数学の無矛盾性を全数学に対する形式的体系から証明する望みはないのである．算術の無矛盾性を得るためには，われわれは一層大きな体系へ行かねばならない．そしてこの拡大体系は公理図式として導入した普通の数学的帰納法よりも一層多くのものを要求する．これは(あまり大きくはないある順序数までの) **超限帰納法**である．**いわゆる最初の ε-数とよばれる順序数までの超限帰納法の結果として算術に対する無矛盾性証明を与えることができる．**

次章でより大きい体系——集合論の体系——が考察される．しかしながら集合論は算術を含んでおり，したがって同じ欠陥をもつ．無矛盾性問題がそこに生ずるが，ゲーデルの不完全性定理のゆえに絶対的無矛盾性に対してはまったく希望がない[注8]という理由のため，絶対的無矛盾性よりもむしろ相対的無矛盾性ともっぱら関係するということがわかるであろう．

［訳注］　今日では，p.75の論理式Gのようにシステムのコーデングによるものではなく，数学的な**真**命題(勿論算術の体系で形式化できる)で，算術の体系では証明できないもの，例えばＰＨと呼ばれる命題，が知られている．

第6章　集　合　論

この最後の章では集合論を論ずる．たぶん読者は各自ある種のイメージ，集合とは何かというある漠然とした考えをもっているであろう：それは‘もののある集り’である．そこで，ここでは集合に対するいくつかの公理を説明することから始めよう；大部分の数学者が同意しているそれらの公理は集合について真である．

このことを非常に非形式的に眺めてみよう；とはいっても問題の最重要点に達したとき[注1)]**公理的集合論**は実は本書で以前すでに記述してきた形の形式的理論である．それは等号をもつ述語論理へ，集合の所属関係に対する特別な述語記号 $\in$ をつけ加えたものにもとづいている．$x \in y$ と書いて‘x は y の要素である’と読む．ここで与えるすべての公理はこの言語で適当に記述することができる．この特別な形式的体系は **ZF――ツェルメロ－フレンケル集合論**――とよばれる．

われわれが信じるどんな種類の公理が真であるか? まず第1に，集合に対しわれわれはどんなイメージをもっているか? 出発点として言い得る最良のことは‘集合とは数学的対象の集りである’と仮定することである．最初はあまり正確にはできない．たぶん真であることを怪しませる第1原理は次のことである：今，集合に対し適用すべき性質を何でもよいから一つもっていると仮定せよ．そのときこの性質をもつすべてのものから成る集合が存在する．すなわち，次の原理が考えられる：

(P) 各性質 $\psi(x)$ に対し

$$x \in y \leftrightarrow \psi(x)$$

なる集合 y が存在する．

ところが，実はこの原理は正しくない；なぜなら，それから**ラッセルの逆理**（1902年ごろラッセルによって発見された）を導くことができるからである．性質 $x \notin x$ へ (P) を適用すると：

$$x \in R \leftrightarrow x \notin x$$

なる集合 R が存在することになる．R はそれ自身の要素でない集合全体の集合である．この R に対し次の問を尋ねよう：R は R に属するか？すると R はややまごついてどう答えてよいかわからないでいる；なぜなら R が R に属するのは，R が R に属さないときかつそのときに限るからである：

$$R \in R \leftrightarrow R \notin R.$$

これは容易にチェックすることができる．

ラッセルの逆理が起こるという事実は，われわれが一体なぜ集合論で悩む必要があるかの理由である．もし原理 (P) が真であったなら，われわれがいう必要があることはほとんどないであろう．しかし，ラッセルが彼の逆理を最初の清浄無垢なこの種の公理から導くことができたという事実は，集合というもののわれわれの直観的考察をかなり注意深く行なわなければならないということを示している．しかしこのことは最初見えたほどあまり明白なものではない．

どんな種類のものが集合であるべきかに対し少しましな考えを得るために，まず原理 (P) がどこで誤りになったかを分析しなければならない．なぜラッセルの集りは集合でないのか？それはあまりに多くのものをもちすぎたから集合ではないということになる．R は集合となるべきものの集りとしてはあまりに大きすぎるのである．よってこの経験にてらし，集合の直観的考察を次のように少し修正する：集合は物の集りであって，あまり大きすぎないものである[注2]．

そこで書きとめるべき公理は，この観点を捕えようとする公理である．

最初のものとして‘相等性’をかたづけよう，すなわちわれわれの形式的理論で $\in$ と $=$ の間の関係を求める．等号公理から直ちに‘もし二つの集合が等しいならそれらは同じ要素をもつ’ということが従う[注3]．ところで，集合間を区別するための今手にもっているただ一つの道具は所属関係である．よって，もし二つの集合が正確に同じ要素をもつならば，その2集合を区別することができない，換言すればそれらは相等しい．これは最初の公理がいわんとしていることである．これを**外延性公理**という：

$$\forall z(z \in x \leftrightarrow z \in y) \leftrightarrow x = y.$$

次の公理によって，出発点としなければならなかった集合生成原理 (P) からわれわれにできるものを救おう．ある性質をもつすべての集合をひとまとめに集めようとする代りに，もし与えられた集合で出発しその集合の要素で問題の性質をもつものをひとまとめにするならば，たしかに何の危害もないはずである．これは合理的にみえる；なぜかといえば，どちらかというとこれはすでにわれわれが得ていたそして大きすぎはしないところの集合の大きさをさらに切りつめるものだからである．これは**内包性公理図式**へ導く．われわれの形式的体系でそれを書き表わそうとするとそれは**図式**（スキーマ）でなければならない．各性質に対し一つの特別な集合が存在することをいわなければならない．性質とは一体何を意味するか？もし形式的体系で考えているならば，性質とは何かという疑問はない．それは単に自由変数1個をもつ論理式にほかならない．よって内包性公理図式は次のようになる．

集合 a と自由変数をもつ論理式 $\psi(x)$（他の自由変数が含まれているかもしれないが，それは一向にかまわない）とが与えられると次のような集合 b が存在する：b の要素は a の要素で性質 ψ をもつものとちょうど一致する，すなわち

$$x \in b \leftrightarrow x \in a \,\&\, \psi(x).$$

外延性公理によって，この集合 b は性質 ψ をもつ集合として一意的にきまることがわかる．われわれはこの b を

$$\{x \in a : \psi(x)\}$$

と書く．この図式は，あまり適切でなかった最初の直観的原理から，できるだけ多くのものを捕えているといえよう．

ほかにわれわれが構成できるものは何か？二つの集合を得たならばちょうどこの2集合を要素としてもつ集合を確かに作ることができる．これは**対集合の公理**である：二つの集合 x, y が与えられたとき，要素がちょうど x, y であるもう一つの集合がある．この新集合を $\{x, y\}$ と書く．

次のものは**巾集合の公理**である．一つの集合があれば，この集合の可能なあらゆる部合集合について考えることができる．それはおそらく，より一層大きな集りとなるだろうが，恐ろしいほど大きくはない．われわれに集合を与え返すものとしてこれを考えることは合理的である．これは巾集合の公理へ導く：任意に集合 x が与えられているとき，x の巾集合は再び集合である．

x の巾集合とは x の部分集合全体の集りのことである：$P(x) =$

$\{y : y \subseteq x\}$（ここで $y \subseteq x$ は y が x の部分集合であることを表わす，すなわち y の要素はすべて x の要素である）．

次の公理は与えられた集合 x の和集合に関するものである．まず集合 x をとる．x が図のようにその要素が内部にある円形によって表わされていると考える．しかしこれらの要素は何か？それら自身も集合で

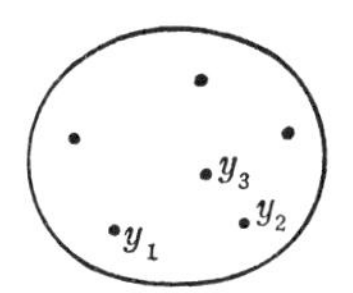

ある；したがってそれら自身それぞれ要素をもっている．よってそれらを，x を表わしたと同様な方法で表わすことができる（ここではそれらのうちの二，三のものだけを書く）．

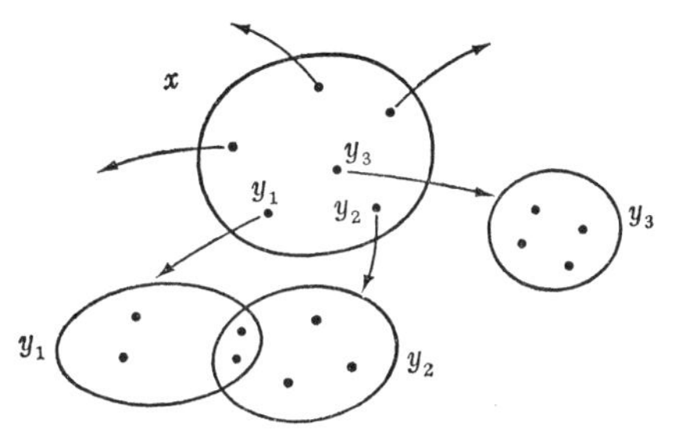

$y_1, y_2, y_3, \cdots$ の一つ一つの中に入っているものをちょうどその中にもっているような集合があると主張したい．この集合は x の**和集合**とよばれ，$\bigcup x$ と書かれる．よって $\bigcup x$ の要素はちょうど x の要素の要素である：

$$\bigcup x = \{z : \exists y(y \in x \,\&\, z \in y)\}.$$

和集合の公理は次のことを主張する：任意の集合 x に対し実際，集り $\bigcup x$ が存在し，それが再び集合である．

ここで，2集合 a, b をとって $\bigcup\{a, b\}$ を作ると何が起こるか注意してみよう．容易にわかるように，これはちょうど2集合 a と b の和 $a \cup b$ である．よってこの公理は2集合 a, b の和が常に再び集合であるという結論をもつ．これを a, b の和集合という．

ところで，集合論を創案する理由の一つは無限に多くの対象物の集りについて論ずることを可能にすることである．したがって，この種の集合が存在することを主張する公理をもつのがよい．これは**無限公理**であ

る：無限集合が存在する．

さて今やわれわれは，一つの集合が存在すること（実際無限集合が存在すること）を知っているから，これによって全然要素をもたない集合が存在することを証明できる．無限公理によって与えられた集合の一つを ω としよう．そこで次に示す集合 $\varnothing$ を考える．それは内包性公理がその存在を保証している：

$$\varnothing = \{x \in \omega : x \neq x\}.$$

すべての x に 対し $x = x$ であるから，$\varnothing$ が要素をもたない集合であることがわかる．実は，$\varnothing$ はこの性質をもつただ一つの集合である．$\varnothing$ を**空集合**とよぶ．

次の公理は，今まで見てきた種類の集合生成型の公理とは少し異なるものである．集合 x の和集合を論じたときのような図を考える．集合 x で始め，その要素を考える．要素を考えるならばそれらを書き出すことができるだろう．これらの要素はそれ自体集合であり，したがって要素をもつ．その一つをとるとこれはまったく一つの集合であるから，再びそれがまた要素をもつと考えられる．そこでまたこの集合の一つの要素をとるならば再び同じことを行なうことができる．これは一体いつ止まるであろうか？ これを永久に続けて行なうことができるであろうか？ 集

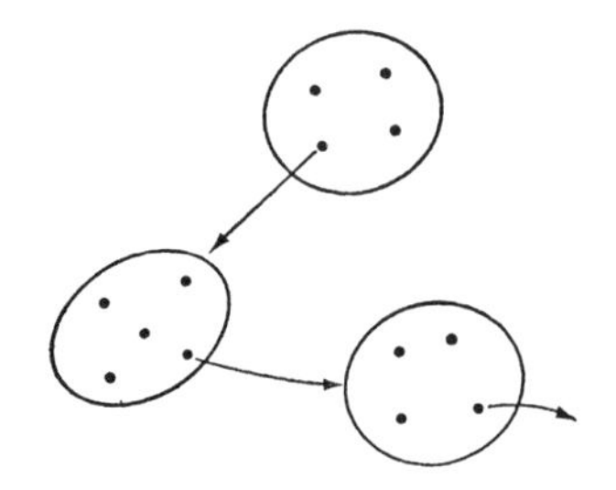

合についてのわれわれの直観的観点はそのように限りなく下がってゆくことを確かに許さない．よって，次のように主張する公理を作ることにする：（上でみたような）要素の鎖を追跡しようとするときは，いつでもそれは有限の段階で止まらなければならない．それは次のように考えることができる：各々が前のものの要素であるような集合 $x_1, x_2, x_3, \cdots$ の系列，すなわち

$$\cdots \in x_3 \in x_2 \in x_1$$

があるとする．これを要素所属関係の下降列とよぶことにする．そのとき**基底公理**（または**正則性公理**）とよばれるものは次のものである：要素所属関係のどんな下降列も有限である．

この公理を用いると，集合 x がそれ自身の要素となることは決してないことがわかる．なぜなら，もしそうでないとすれば，すなわち $x \in x$ となる集合 x があったと仮定すれば，x ばかりから成る集合の無限列 $x, x, x, \cdots$ を考えるとき要素所属関係の無限下降列

$$\cdots x \in x \in x$$

が得られることになってしまう．しかし，基底公理はこのような系列が存在しないことを主張している；したがって矛盾に到達した．このことはすべての集合 x に対し $x \notin x$ であることを示す．

次の公理は，前に示唆しようとした次の事実を本当に捕えるものである：集合のあまり多すぎない集りはそれ自身集合である．

‘あまり多すぎない’とはどんな意味であるかもっとこれを正確にしよう．それはまさに集合の集合サイズの集りは集合であるということである．これを集合論の言語で言い表わすには どうすれば よいか? 集合 a で出発し a の各要素に対応する他の集合を作る．そのとき対応物全体の集りは再び集合であると主張したいのである．形式言語の論理式で（少なくとも）変数 u, v を自由変数にもつ $\psi(u, v)$ を用いて対応を論ずることができる．各 u はそれに対応するちょうど一つの集合をもちたいから，ψ は関数のような性質をもたなければならない：

$$\psi(u, v) \,\&\, \psi(u, w) \rightarrow v = w.$$

このようにしてわれわれの新公理は再び図式となる．各関数型論理式に対し一つの公理があるのである．この公理図式は次のとおりである：関数型論理式 $\psi(u, v)$ と集合 a とが与えられると，次のような集合 b が存在する．すなわち b は a に属する各集合 u に ψ の下で対応する集合 v 全体から成る集合である．論理式で書けば

$$\exists b \forall v(v \in b \leftrightarrow \exists u(u \in a \,\&\, \psi(u, v))).$$

これは**置換公理図式**とよばれる：それは a の中の集合 u を対応する集合 v でおきかえるので，この名がある．この図式は，集合から成る集合サイズの集りはわれわれに集合を与え返すという事実を本当に捕えるものである．さらに，実はいったんこれを得れば内包性公理図式を捨てる

ことができる，なぜなら内包性公理図式は置換公理図式の結果として得られるからである．しかしわれわれは，並べた公理のあるものが他のものから導かれるという事実には気をとめないことにする．

さて，ZF の公理のリストを完成させるのに必要なものがもう一つだけある．それを今までのものと切り離しておこう．なぜかといえば，伝統的な数学にたずさわっているすべての数学者は，今まで述べた公理を各自が研究している集合について真であると承認するが，ある人たちはこれから述べようとする公理についてちょっと半信半疑であるからである．これは**選択公理**（ラッセルのマルティプリカティヴ公理）である．選択公理は，もし空でない集合の集合があれば，この集りの各集合から要素を1個ずつ選び出してそれらを一緒にして一つの集合にまとめることができることを主張する．

この公理を論ずる前に，それを幾分より数学的なもう一つの形に表わしてみよう．今までの段階で与えた公理から通常の数学でいいたいと思うすべてのものをいうことができる．これを少し考察してみる．たとえば順序対について論ずることができる．**順序対** $\langle x, y\rangle$ とは，その第1構成員が x で第2構成員が y であるということによって一意的に決定される集合のことである．その意味は

$$\langle x, y\rangle = \langle u, v\rangle \to x = u \,\&\, y = v$$

ということである．この性質をもつ集合 $\langle x, y\rangle$ は $\{\{x\}, \{x, y\}\}$ によって定義することができる．

さて，この順序対の概念を用いると，どんなとき集合が関数——数学的関数——であるかを正確にいい表わすことができる．関数は一つの集合の要素をもう一つの集合の要素と対応づける．そこでこれを正確に表示しよう：一つの集合の要素 x ともう一つの集合の要素 y とからの順序対 $\langle x, y\rangle$ によってその対応づけを作る．このとき，その関数は対応する x と y のこのようなすべての順序対 $\langle x, y\rangle$ の集りであるとする．よって**関数**とは右関数性質

$$\langle x, y\rangle \,\&\, \langle x, z\rangle \to y = z$$

をもつ順序対の集合であると定義される．

選択公理に関連して，選択関数とは何かを述べよう．x が集合のとき，x に対する**選択関数**とは関数 f であってそれが x の空でない各要

素 y に対し y の1要素を対応させるという性質をもつもののことである. それを次のように書く:

$$y \in x \text{ で } y \neq \varnothing \text{ ならば } f(y) \in y \text{ である}$$

よって, もし好むなら'f は各 y から要素を一つずつ選択する'といってもよい. このような事情で x に対する選択関数とよんだのである. それは x の中の空でないすべての集合から何かをえらぶ. かくて今や**選択公理**を一層正確にいい表わすことができる: あらゆる集合は選択関数をもつ.

後で選択公理へ戻るが, しばらくは次のことを指摘することが適当であると思われる: 選択公理以外の公理を承認する人々が, なぜときに選択公理について半信半疑であるのか? 著者にとってはそれは真である. もし空でない集合の集りをもっていれば確かに各々から1要素ずつ選択できることは明白であろう. そして実は, 集合論の仕事をしている人々は初めそれを用いていたことを注意さえしなかったほど真であると考えていた. しかしながら人々がその議論を後に一層厳密に分析したとき, たくさんの選択をなすことができるということの中に, ある原理が含まれているということを悟った.

ある人々が他のものと違って選択公理について少し半信半疑であるという理由はこうである: ふり返って他の公理を眺めてみよう. それらがいっているのは集合のことである. これらの公理は集合についての具体的な構成を与える. 集合 x が与えられているとき, それらの公理はもう一つの集合があることを述べ, そしてそれを作り出す処方を与えている. ところが, 選択公理はそのように明確なものではない. それがいっていることは

'集合が与えられていると, それに対する選択関数がある'

であるが, それは選択関数の作り方については何もいっていないのである. 正にこの理由で, ある人々は選択公理について少し半信半疑なのである. 実は選択公理を否認する人々は, 彼らが証明できる定理を考えているとき自分たちに対しひどい仕打ちをしていることになる. これはこういう意味である: もし選択公理を用いて矛盾を導くことができれば, 選択公理を用いないで矛盾を導くことができる. だから, 矛盾へ導くことを心配しようとしまいと選択公理を用いることは何らの害もないのである. 後でどうしてこうなるかについて概略述べるつもりである.

今，リストし終った公理を用い，まず第1に明確に数学的な対象 0, 1, 2, 3, 4, … を生き返えらせることはかなりおもしろいことだと思う．さらにそれらを無限へと拡張し，これらの数とともに超限の世界へ入り込みたいと思う．実はそれらを二つの異なった方法で拡張するであろう——数の用法に二つの異なった方法があるが，その方法にならって行なうのである．

考察したい第1のものは順序数である．順序数は列をなしている場所を数えるものと考えられる．今，劇場へでかけたところ，いくつかある切符売場に人々が列をなして並んでいたとしよう．そのとき最短の列がどれであるかを知りたいと思うだろう．どのようにしてきめるか? 各列の場所へ番号をつけるに違いない；よって最初の列に第1位があり，第2位，第3位がある，次の列に第1，第2，第3，第4，第5位がある等々．いいかえれば，各自が頭の中にもっているある基準で各列を比較する，そして自分が後につきたいと思う列として，最短距離で各自の基準に達するようなものをとるであろう．

それでは，人でなく集合ではどうか．たくさんの集合が映画館の外の切符売場に幾列にも並んでいると考えよう．もしあわれな一つの集合がちょっと遅れたなら，彼はあわててやってきて後につくべき最良列——すなわち最短の列——がどれであるかを知りたいと思うだろう．そのとき彼は上でわれわれが行なったと同じことをしたいと思うであろう．彼は各列に番号をつけ始める．よって彼は一つの列を眺め，第1位，第2位，第3位，…と見ていく．しかしながら(集合の場合には)彼が第1，第2，第3…と番号づけてしまった後でさえなおたくさんの集合がその列の中に残っているほど多くの集合がありうる．これら番号づけのすでに終ったものの後の場所を ω-番目の場所とよぶことにしよう．そのとき，さらにその後の場所がある．それは $\omega+1$ 番目の位置である．それから $\omega+2$ 番目の位置があり，…というように進み続けるであろう．そこで，彼の頭の中にもち込むために，この集合に対する基準としてわれわれは何を構成できるか? 彼はわれわれが論じてきたものとちょうど同じように続く(列の中の)場所全部に番号をつけつくすことができなければならない．もし彼が頭の中へもち込むことができるということが基準であるならば，それはわれわれが想像しうる最も簡単な可能な種類のものでなければならない．よって，あらゆる集合が彼の頭の中にもち込まれ，他のものと比較することができるような基準列を構成したい．そこで用いるのに最も容易なものは何か? と考える．彼はどんなとき一つのものがもう一つのものより前にくるのかを知りたい．二つの集合がもちうる最も簡単な関係は何か? それは確かに要素所属関係である．そこで要素所属関係によって物が関係づけられる基準列を作り上げることにする．したがって基準は，要素所属関係によって順序づけられた列となるであろう．基準列の各 y はその列中の y の直後にあるものに属することになるだろう．実際もしその基準列において，x のすべての前者をそれより前にあるすべての物を調べる必要なくただ x を見るだけで決定できるならば，それはかなり便利である．よって x のすべての前者が x に属すべきであると要請しよう．直前のもののみならず前にあるものすべてが x に属するとするのである．

基準列の中の最初のものは何であるべきか? われわれは最も簡単な集合で，すなわち空集合 $\emptyset$ で出発すべきである．上の示唆にもとづくと，空集合のすぐ次にくるものは何であろうか? ちょうどすべての要素がその前者であるべきである．$\emptyset$ はそのただ一つの前者ではないか? よってそれはそのただ一つの要素が $\emptyset$ である集合，すなわち $\{\emptyset\}$ であるべきである［この2集合の間には大きな違いがあることに注意しなければならない．なぜなら $\emptyset$ はまったく要素をもたないが $\{\emptyset\}$ はちょうど一つの要素をもつ，すなわちそれは $\emptyset$ を要素としてもつ集合である］．それでは $\{\emptyset\}$ のすぐ次には何があるべきか? それは要素として今までのものすべてをもたなければならないから，$\emptyset$ と $\{\emptyset\}$ とをもっていなければならない．よってこの集合は $\{\emptyset,\{\emptyset\}\}$ である．$\{\emptyset,\{\emptyset\}\}$ のすぐ次にくるものはその中にそれまでのすべてのものをもっているべきである．よってそれは $\{\emptyset,\{\emptyset\},\{\emptyset,\{\emptyset\}\}\}$ である．次のものは $\{\emptyset,\{\emptyset\},\{\emptyset,\{\emptyset\}\},\{\emptyset,\{\emptyset\},\{\emptyset,\{\emptyset\}\}\}\}$ である．このようにして集合を作り続ける．これらを書きつづけて行くことは少々退屈である．

したがって，それらに対する速記法を求めたい．それらを何とよぶべきか? それらを眺めるならば，浮き出してくる明白な示唆があることに気づくであろう．最初のものは要素をもたない，2番目のものは1個の要素をもつ，第3番目のものは2個の要素をもつ等々である．よって実

際にこれらを零，一，二，などと定義しよう．かくて

$$\begin{aligned}0 &= \varnothing\\ 1 &= \{\varnothing\} = \{0\}\\ 2 &= \{\varnothing, \{\varnothing\}\} = \{0, 1\}\\ 3 &= \{\varnothing, \{\varnothing\}, \{\varnothing, \{\varnothing\}\}\} = \{0, 1, 2\},\\ &\vdots\end{aligned}$$

そこで何が起こるかを見よう．1 はそのただ一つの要素が 0 である集合である．2 はその要素が 0 と 1 である集合であり，等々．かくて一般に自然数 n はそれより小さい自然数全体の集合である：

$$n = \{0, 1, 2, \cdots, n-1\}.$$

このように自然数を特別な集合として定義することができる；実際，各自然数 n に対しそれより小さいすべての自然数の集合をとることができるのである．

再び基準列へ帰らなければならない．自然数はちょうどその初めの部分である．よって基準は $0, 1, 2, 3, \cdots$ で始まる．ω 番目の場所で何が起こるだろうか? $0, 1, 2, 3, \cdots$ の直後に何がくるべきか? それはそれより前にあるすべてのものの集合であるべきであると前に述べた．よって ω 番目の場所にくるべきものはちょうど $0, 1, 2, 3, \cdots$ を要素としてもつ集合である；これを ω とよぶことにする．ゆえに

$$\omega = \{0, 1, 2, 3, \cdots\}$$

である．では $\omega+1$ 番目の場所では何が起こるか?

それは前にあるすべての物をもたなければならない．よって $\omega+1$ 番目のものはその中に $0, 1, 2, \cdots$ と ω とをもつべきである；これを $\omega+1$ で表わす．ゆえに

$$\omega + 1 = \{0, 1, 2, \cdots, \omega\}.$$

もう一段階進んでみよう．$\omega+2$ は何か?

$$\omega + 2 = \{0, 1, 2, \cdots, \omega, \omega+1\}$$

であるべきである．そしてこの方法で基準的な列を作り上げ，集合が自分の頭の中へその列（の一部）をもち込んで，それと対照して他のものにも番号をつけることができるようにすることが可能である．

このようにして構成され，基準列の中へ落ち込む集合は**順序数**とよばれる．順序数を表わすのに α, β, γ などを用いる．それらを構成した方法から，順序数 α はその要素が基準列における α より前にあるちょ

うどすべての順序数であるような集合であることがわかる．よって α が順序数であるのは

$$\alpha = \{\beta : \beta \text{ は } \alpha \text{ より小さい順序数}\}$$

であるときかつそのときに限る．このようにして得られた順序数は，これからわれわれが行なう予定のすべてのことにとって非常に重要になるであろう．

次に自然数を超限へ拡張するもう一つの方法を考えはじめよう．**基数**を取り扱うのである．各集合はそれとちょうど一つの基数を組合せる．これは，それがどれほど多くの要素をもっているかという集合の大きさを教える．

どんなとき二つの集合が同じ大きさをもつというべきか? まず有限の場合にそれが意味するものを考える：もしリンゴ1袋とオレンジ1袋をもっているなら，どのようにしてリンゴがオレンジと同数だけあるかどうかを決定するのであろうか? それにはオレンジをリンゴと二つずつに並べればよい．一方の袋からオレンジ一つをとり他方の袋からリンゴを一つとってこれら二つを一緒にする．それからこの手続きをくり返し，もしすべてのオレンジをすべてのリンゴとちょうど二つずつの対にすることができるならば，リンゴと同じ数だけオレンジがあるというであろう．

どんな場合に二つの集合が同じ大きさをもつかを決定するのに，同様な概念を用いることができる．一方の集合のすべての要素が他方の集合のすべての要素と二つずつ対にすることができるとき，2集合は**同じ大きさ**をもつといおう．もっと正確にいえば，これは‘対応を確立する関数がある’という意味である．集合 x, y に対しこれが成り立つとき $x \approx y$ と書く．よって

$x \approx y \leftrightarrow x$ のすべての要素を y のすべての要素と二つずつ対にする関数が存在する．

同様な方法でどんな場合に x が y と**等しいか小さい**大きさであるかをいうことができる：x のすべての要素が y の要素のうちのあるものと(しかし多分全部でなくてもよい) 二つずつ対にすることができる．かくて

$x \preccurlyeq y \leftrightarrow x$ のすべての要素を y の要素のうちのあるものと二つずつ対にする関数が存在する．

もし x と y をどのように対の組分けしようとしても常に y のある要素

が残るならば，換言すれば $x \leqslant y$ であるが $\neg(x \approx y)$ ならば，$x \prec y$ と書く．このとき y は x より**大きい**ということができる．

たとえば，もし n が有限順序数ならば，$n \prec \omega$ である．しかし

$$\omega \approx \omega + 1$$

であることを注意することは興味あることである．$\omega = \{0, 1, 2, \cdots\}$，$\omega + 1 = \{0, 1, 2, \cdots, \omega\}$ であることを思い起こそう．$\omega \approx \omega + 1$ を示すためには，$\omega + 1$ の要素を ω の中の要素と二つずつ対にする関数があることをいえばよい．それには $\omega + 1$ の最後の要素 ω を最初にもってきて残りのものを一つずつくり下げればよい．図的に表わすと

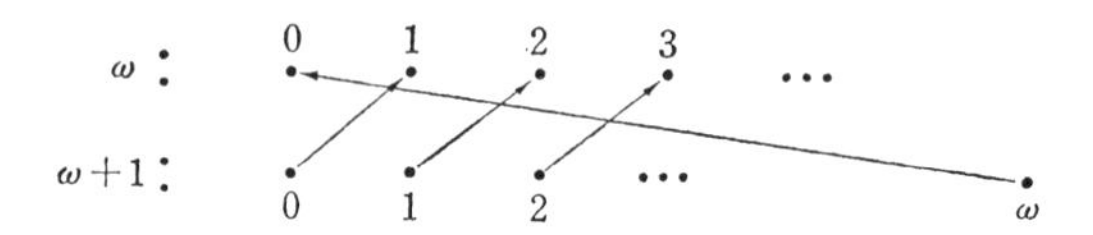

もしこれが大きさの有用な概念であるべきならば，われわれはどんな二つの集合が与えられてもそれらを確かに比較することができなければならない．かくて任意の集合 x，y に対し

$$x \leqslant y \quad \text{か} \quad y \leqslant x$$

ということを知る必要がある．ところがこれは，われわれの公理系から証明可能である．実はこれが選択公理と同値であることが知られている．このことは選択公理の真実性に対するさらに優れた証拠を与える．

この大きさに対する概念は，すべての無限集合に同じ大きさを与えるであろうか? もしそうなら，それはあまり役立つとはいえないであろう．しかしながら幸いにも，無限集合に対するたくさんの大きさがあるのである．なぜかというと，任意の集合 a をとるとそれより確かに大きい集合——a の巾集合——が存在することを示すことができる．これはカントルによって得られた結果である（第1章を参照）．

カントルの定理： 任意の集合 a に対し $a \prec P(a)$．

証明：まず常に $a \leqslant P(a)$ である．なぜなら各 $x \in a$ を x だけからなる集合 $\{x\}$ と対にする．確かに $\{x\} \subseteq a$ すなわち $\{x\} \in P(a)$ である．よってこのことは，a の各要素を $P(a)$ のある要素と対にしたことになる；したがって $a \leqslant P(a)$ である．

そこで今 $a \approx P(a)$ と仮定してみる．よって a のすべての要素を a の

すべての部分集合ともれなく二つずつ対にする関数 f がある. $x \in a$ をとると $f(x) \subseteq a$ である. したがって, $x \in f(x)$ かどうか尋ねることができる. 次の集合 b を考察しよう:

$$b = \{x \in a : x \notin f(x)\}.$$

$b \subseteq a$ であるから, $b = f(y)$ となる $y \in a$ がただ一つ存在する. このとき $y \in f(y)$ かどうかを問うてみよう:

(i) もし $y \in f(y)$ なら $y \in b$ であり, したがって b の定義から $y \notin f(y)$ である.

(ii) 他方もし $y \notin f(y)$ なら $y \notin b$ である. しかし b の定義と $y \notin f(y)$ とから $y \in b$ である.

かくてどちらの場合にも, われわれは矛盾に到達した. これは仮定 $a \approx P(a)$ から導かれたものであるから, $a \not\approx P(a)$ と結論しなければならない. したがって $a \preccurlyeq P(a) \,\&\, a \not\approx P(a)$, すなわち $a \prec P(a)$ である.

このことは, **どんな集合 a が与えられても**, 特に無限集合が与えられたときにも**その巾集合をとるとより大きいサイズの集合を与えることができる**という事実を確立した. この手続きは何回もくり返すことができるから, 無限集合の大きさは非常にたくさんあるということがわかる.

そこで, 再び順序数を考察しよう. すると, あらゆる可能な大きさの順序数があることがわかる(実はこの陳述はまた選択公理と同値である)[注4]. このことから, 与えられた大きさをもつ最初の順序数は何か[注5]を問うことができる. 答は次のようである: まず有限順序数がある. (有限の)各大きさに対しちょうど一つの有限順序数がある. 0 は要素をもたない集合の大きさである. $1 = \{0\}$ であり, それは(直観的にいって) 1 個の要素をもつから, ちょうど 1 要素集合が 1 と対にされる. 同様にちょうど 2 要素集合が $2 = \{0, 1\}$ と対にされる. 他の有限順序数に対しても同様である[注6].

さて, 一体無限の大きさとは何か? 最初の無限順序数は確かに ω である. よって ω は可能な最小の無限の大きさの集合である(このような集合は**可算無限**とよばれる). それではいつそれより大きい大きさの順序数を見つけることができるか? そういうものが存在することはわかるが, どれがそれらのうち最小のものであるか? それは $\omega + 1$ ではない, なぜなら $\omega \approx \omega + 1$ であることをすでに示したから, またそれは $\omega + 2$

でもない，なぜなら‘$\omega+2$ の最後の 2 要素 ω と $\omega+1$ を最初へもってきて，残りのものすべての場所を二つだけ下げる’という関数は $\omega \approx \omega+2$ なることを示すからである．同様にしてそれは $\omega+3$ でもない，等々．それは $\omega+\omega$ でさえない．何となれば，$\omega+\omega$ の中の最初の ω 個の要素を ω の偶数の上へ写し（$\omega+\omega$ の）残りの ω 個の要素を ω の奇数上へ写す関数は $\omega \approx \omega+\omega$ であることを示すからである．

図で示すと

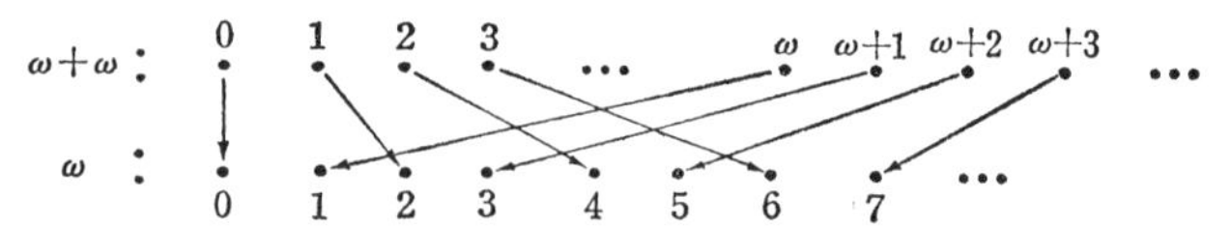

しかしながらついには，より大きい順序数へ到達する．それを $\aleph_1$ とよぶ（$\aleph$ はヘブライ文字からの‘アレフ’である）．かくて $\aleph_1$ は最初の非可算順序数である[注7]．$\aleph_1$ より大きい大きさの最初の順序数は $\aleph_2$ とよばれる（われわれはすでに，与えられたものより大きい大きさの集合があることを保証されている）．$\aleph_2$ より大きい大きさの最初の順序数を $\aleph_3$ とする等々．ω は最小の無限の大きさであるから，その意味で $\aleph_0$ ともよばれる．

今や**基数**を定義できる段階にきた．それらは正しくそれぞれの大きさをもつ最小の順序数である．われわれが今見てきたこれらのものは有限順序数とアレフ数の列である．そのときどんな集合もちょうど一つの基数と同じ大きさである；なぜならそれは，ある順序数と同じ大きさでありその大きさをもつ最小の順序数はただ一つしかないからである．与えられた集合 x と同じ大きさのただ一つの基数は x の**濃度**とよばれ，$|x|$ と書かれる（$\bar{\bar{x}}$ と書かれることもある）．かくて $|x|$ は x の大きさである．濃度の定義から，期待どおりに

$$|x|=|y| \leftrightarrow x \approx y$$

$$|x| \leqq |y| \leftrightarrow x \preccurlyeq y$$

なることが従う．

そこでカントルの定理を再考しよう．集合 ω にそれを適用すると

$$|\omega|<|P(\omega)|$$

である．任意の集合 x に対し $|P(x)|$ を $2^{|x|}$ と書くことにしよう．そ

のときカントルの定理は

$$\aleph_0 < 2^{\aleph_0}$$

であることを教える．ところで，$2^{\aleph_0}$ はある無限基数であり，それは $\aleph_0$ より大きい．では一体それはどの基数か？ $\aleph_1$ か？ $\aleph_2$ か？… 不幸なことに，集合論はそれについて何も教えてくれない．集合論の公理はこの問題を決定することができないのである．'$2^{\aleph_0}$ はそれが可能な最小のものすなわち $\aleph_1$ である' という予想は**連続体仮説**（CH）とよばれる：

$$\mathrm{CH} : 2^{\aleph_0} = \aleph_1$$

(カントルは 1878 年に初めてこの予想を立てた)．$P(\omega)$ と実数全体の集合とが同じ大きさであることを示すのは容易である[注8)]；よって連続体仮説は実数がどれほどたくさん存在するかについて示唆しているわけである．

任意の無限基数 $\aleph_\alpha$ に対しても $2^{\aleph_\alpha}$ がどんなアレフ数であるか？ と問うことができる．カントルの定理によってそれは $\aleph_\alpha$ より大きくなければならない．それが可能な限り小さいという示唆：

$$2^{\aleph_\alpha} = \aleph_{\alpha+1}$$

は**一般連続体仮説**（GCH）とよばれる．集合論の公理はこれらの真実性をも確立しない．

基数から離れる前に次のことを強調しよう．特別な順序数 α が基数であるかどうかをいかにしてテストすべきか？ α が基数であるのは，α より小さいどんな順序数 β に対しても集合 α を β と 1 対 1 に対応づける関数が存在**しない**ときである．これは次の状況をひき起こす．

今ここに，理論 ZF に対するモデル $\mathscr{A} = \langle A, \varepsilon \rangle$ とそれより小さいモデル $\mathscr{B} = \langle B, \varepsilon' \rangle$ とをもっていると仮定する．ここに ε は要素所属関係記号 $\in$ の解釈であり B は A の部分集合で，ε' は ε をちょうど A から B へ制限したものである．そのとき $\mathscr{B}$ が基数であると見た順序数が $\mathscr{A}$ の中では基数ではなくなるということが起こるかもしれない．なぜなら，$\mathscr{B}$ の中ではどんな 1 対 1 関数も得られないが，$\mathscr{B}$ より大きいモデル $\mathscr{A}$ の中にはこのような関数が存在するかもしれないからである．特に $\mathscr{B}$ が基数 $\aleph_1$ であると思っている順序数が $\mathscr{A}$ の中では可算順序数になって基数ではないということがあるかもしれない（これは第 3 章でスコーレムの逆理を解決した方法と同じ考えである．そこでは $\mathscr{B}$ が可算モデルで，$\mathscr{A}$ は‘全宇宙’であった）．モデルの中で事がどのように起こるかというこのアイディアはコーエンの強制法についての次節で最も重要なものである．そこではもっぱら可算モデルが考察されるであろう．

選択公理の無矛盾性

もし，選択公理以外の公理だけを用いて矛盾を得ることができないならば，さらに選択公理を用いても矛盾を導くことはないということを示したい．これは選択公理が集合論の他の公理と無矛盾であることをいう1方法である．読者はなすべきことが：他公理たちの実現（すなわちモデル）であってその中で選択公理がまた真であるようなものを見い出すことである，ということを思い起こすであろう．ここで記述しようとするモデルは，1938 年にゲーデルが初めて発見したもので‘構成的集合’全体が作るモデルである．

集合論の言語はその中にちょうど2個の述語記号 $\in$ および $=$ をもっている．よって，われわれのモデルもこれら二つの記号に対する解釈を与えねばならない．それは正規モデルとなるであろう．よって $=$ は本当の $=$ と解釈される．また $\in$ をモデルの領域の要素間の $\in$ と解釈する．したがって，それは $\langle L, \in\rangle$ なる形のモデルとなる（正規モデルに関する約束によって $=$ については述べない）．領域 L の要素は**構成的集合**とよばれる．

選択公理の無矛盾性に関係しているから，L を作り上げる際それを使用しないように注意深く行動しなければならない．それにもかかわらず，この公理は他のすべての公理とともに $\langle L, \in\rangle$ において真となるのである．

構成的集合の定義に動機を与えることを試みよう．ある特別な集合 A が与えられていて，A の要素以外は何も見当らないと仮定する．A という部屋に閉じこもって A の要素以外には何も見えないと想像するのである．そのときどんな集合について論ずることができるか？ 換言すれば，A のどんな部分集合に命名することができるであろうか？ われわれは普通，内包性公理図式から集合を構成する．では，A の中でこの公理図式からどのようにして進むのであろうか？ その公理図式はいう：任意の論理式 $\psi(v, v_1, \cdots, v_n)$ が与えられているとき（ここで $v, v_1, \cdots, v_n$ は ψ の中の全自由変数であるとする），任意の集合 $x_1, \cdots, x_n$ に対し集合

$\{x \in A : \psi(x, x_1, \cdots, x_n)\}$ を作ることができる，と．そこで A の中でわれわれの状態を考えよう．まず，ψ の自由変数に代入するのに使うことができる集合には制約がある：それは A の要素 $a_1, \cdots, a_n$ でなければならない．しかしこれで制約がすべてというわけではない．たとえば ψ が $P(v_1)$ を主張するとしてみよう：

$$\psi(v, v_1) \leftrightarrow v = P(v_1).$$

v_1 に A の要素 a を代入して

$$\{x \in A : \psi(x, a)\} \text{ すなわち } \{x \in A : x = P(a)\}$$

を考える場合，もし a が A の要素でない部分集合をもてば，A の内部にとじこもっていることができなくなってしまう．したがって，A の内部からは($a \in A$ であるにもかかわらず)一般に $P(a)$ について論ずることができないのである．

よって A の内部では $\{x \in A : \psi(x, a_1, \cdots, a_n)\}$ を用いることができないであろう．われわれにできるのは，性質 ψ をもつところの，A が見ることのできる限りの x ——すなわち $\langle A, \in\rangle \models \psi[x, a_1, \cdots, a_n]$ となる x ——について論ずることである．よってわれわれは，確かに集合

$$\{x \in A : \langle A, \in\rangle \models \psi[x, a_1, \cdots, a_n]\}$$

について論ずることができる；ただし $a_1, \cdots, a_n \in A$ である．この形の集合は A で**定義可能**であるとよばれる．A で定義可能なすべての集合の集合を $\mathrm{Def}(A)$ と書く．これを形式的に記述すれば

$$\mathrm{Def}(A) = \{y: \text{ある論理式 } \psi(v, v_1, \cdots, v_n) \text{ とある } a_1, \cdots, a_n \in A \text{ とに対し } y = \{x \in A : \langle A, \in\rangle \models \psi[x, a_1, \cdots, a_n]\}\}.$$

A で定義可能な集合の1例をあげよう．もし，$a, b \in A$ なら $\{a, b\}$ は A で定義可能である．証明：$\psi(v, v_1, v_2)$ は次の論理式

$$v = v_1 \lor v = v_2$$

であるとする．そのとき

$$\langle A, \in\rangle \models \psi[x, a, b] \iff x = a \text{ または } x = b$$

であることは明白であろう．よって

$$\{x \in A : \langle A, \in\rangle \models \psi[x, a, b]\} = \{a, b\}$$

であり，したがって $\{a, b\} \in \mathrm{Def}(A)$ である．

'…で定義可能' という概念を用いてゲーデルの構成的集合を得ることができる．空集合から出発し，すでに得られた集合において定義可能な

集合の集合を作るという操作を反復して行なう．もう少し正確に述べるために，ここで極限数とは何かをまずいっておかねばならない．極限数というのは順序数であって，それの直前の順序数がないものをいう——たとえば ω, $\omega+\omega$ など．他方 $\omega+1$ とか $\omega+\omega+23$ とかいう順序数は極限数でない．構成的集合を定義するためにすべての順序数を直線的に並べて考える．各順序数 α を通過するごとに次のようにしてそれに一つの集合 M_α を割当てる．まず

$$M_0 = \emptyset$$

とする．α の直後の順序数 $\alpha+1$ では $M_{\alpha+1}$ として，直前の M_α と M_α で定義可能なすべての集合の集合とを合併したものをとる．よって

$$M_{\alpha+1} = M_\alpha \cup \mathrm{Def}(M_\alpha)$$

である[注9]．極限数 β のところではこの処方は（直前の M_α がないから）意味がない．ここでは今までに得られたすべてのものを合併する：

$$M_\beta = \bigcup \{M_\alpha : \alpha < \beta\}.$$

おしまいに集合 x が**構成的**であるというのは x がどれか一つの M_α の要素であることと定義する．これに対し $L(x)$ と書く．よって

$$L(x) \leftrightarrow \exists\alpha\ (\alpha \text{ は順序数 } \& \ x \in M_\alpha).$$

一言注意しよう．前にモデルを定義したときは，モデルの領域は集合であった．しかし，L は集合ではないことがわかるであろう：それは集合であるにはあまりに大きすぎるのである．しかし以前の定義を少し修正して，それが L に対してもうまく適応するようにすることが可能である．主たることは $L \in x$ と書くのを避けることである．なぜなら L はどんな集合の要素にもなりえないからである．いったんこのようにすると，実際 $\langle L, \in\rangle$ は集合論に対するモデルとなるのである．ここでは証明に深入りしない；なぜかというと，そのある部分はひどくめんどうだからである．

対集合の公理がなぜ L で成り立つかを示すことで満足することにしよう．二つの構成的集合 x, y をとる．そのとき L がその対集合であると信じるような構成的集合を見い出す必要がある．明らかに x, y の真の対集合が構成的であることを示せば十分である．そこで $x \in M_\alpha$, $y \in M_\beta$ なる順序数 α, β をとる．一般性を失うことなく $\alpha \leqq \beta$ と仮定してよい．よって $M_\alpha \subseteq M_\beta$ となるから，x, y はともに M_β に属するわけである．しかし，前に示したように $x, y \in M_\beta$ なることから $\{x, y\}$

$\in \mathrm{Def}(M_\beta)$ が成り立つ．$\mathrm{Def}(M_\beta) \subseteq M_{\beta+1}$ であるから $\{x, y\} \in M_{\beta+1}$．ゆえに対集合 $\{x, y\}$ は構成的集合である．かくてわれわれは

$$L(x) \,\&\, L(y) \rightarrow L(\{x, y\})$$

なることを示した；よって対集合の公理は $\langle L, \in \rangle$ で真である．

選択公理が $\langle L, \in \rangle$ で満足されることを示すことが残っている．任意の順序数 α に対し M_α の要素全体がリストに書き並べられうることを示そう．M がどのようにして定義されたかを思い出すならば，$M_{\alpha+1}$ の新しい要素をどのようにして M_α の要素のリストへ加えたらよいかということを示せば十分であることがわかる．M_α から $M_{\alpha+1}$ へ進むにあたって M_α の中にすでにあるものをすべてとり，さらに M_α で定義可能な集合をすべて加えていった．M_α の要素全体のリストがすでに与えられているとすれば，$M_{\alpha+1}$ をリストできるためには M_α で定義可能な集合全体をリストすることができなければならない．

$\mathrm{Def}(M_\alpha)$ の各要素はある論理式 $\psi(v, v_1, \cdots, v_n)$ と自由変数 $v_1, \cdots, v_n$ へ代入さるべき集合 $a_1, \cdots, a_n \in M$ のみにもとづいている．われわれの言語には論理式が可算個しかない，したがって確かにこれらの論理式をリストに書き並べることができる．そのとき M_α の要素全体のリストを用いて，$(n+1)$–列 $\langle \psi, a_1, \cdots, a_n \rangle$ 全体のリスト——このリストを仮に (F) とよぶ—— を作ることができる（ただし n の可能なすべての値に対しこれを作る）．ところで，$\mathrm{Def}(M_\alpha)$ の中のどんな要素もこのような一つの有限列を用いて得られるから，$\mathrm{Def}(M_\alpha)$ のすべての要素をそれに対応する有限列がリスト (F) に現われるその順序でリストすることができる．$\mathrm{Def}(M_\alpha)$ の要素全体のこのリストを M_α のリストへ付加すれば $M_{\alpha+1}$ のリストが得られる．

各 M_α の要素全体のこれらリストを用いて構成的集合全体 L のリストを次のように与えることができる：二つの構成的集合 x, y をとる．α, β をそれぞれ $x \in M_\alpha$, $y \in M_\beta$ なる最小の順序数とする．そのとき x が L のリストにおいて y の前にあるということを‘$\alpha < \beta$ であるかまたは $\alpha = \beta$ であって x が M_α のリストの中で y より前にあること’と定義する．

そこで任意の構成的集合 x をとって x に対する選択関数 f を記述しよう．もし，$y \in x$ なら y および y のすべての要素はやはり構成的集合であり[注10]，したがってそれらは L のあのリストに現われる．した

がって，x からの任意の空でない要素 y に対し，$f(y)$ は L のリストの中で $z \in y$ となる最初のものであると定義する．そのとき実際 f は x に対する選択関数であることがわかる．

実は，$\langle L, \in \rangle$ が選択公理をみたすことを確立する際にもう一つ重要な点がある．あの関数 f はそれ自身 L の中になければならない．これは実際そうなのであるが，これを証明することはややめんどうである[注11]．

これでゲーデルの構成的集合——それら全体は選択公理を含む集合論のモデルである——の概説を終ることにする．かくて選択公理は集合論と無矛盾であることを知った．さらに，実は一般連続体仮説 GCH も L で真であり，したがって GCH もまた集合論（選択公理を含んでよい）と無矛盾であることが示される．

本章ではこの後，選択公理と一般連続体仮説が各々集合論と独立であること，すなわちどちらも集合論の他の公理から証明できないことをどのようにして証明するか，その方法を略述する．これは集合論の二つのモデルで，その各々の中でそれぞれ選択公理と一般連続体仮説とが偽であるようなものを作ることによってなされる．これらのモデルはポール・コーエンによって 1963 年初めて発見されたが，それは選択公理が集合に関する必要な公理であると初めて了解されて以来，実に 60 年を経過した後のことであった．これだけ長い年月を要したということは，このようなモデルを組立てるのがどんなに困難であるかを反映しており，ここにその方法の大変おおまかな概略しか説明できない事情を強調している．実は一般連続体仮説の独立性よりやや強い結果，すなわちある集合論のモデルでそこでは連続体仮説（CH）が成立しないというものが存在することを示すであろう．ここでは選択公理の独立性は取り扱わないことにする．これに対する方法は同様ではあるが多少複雑である．

CH は $2^{\aleph_0} = \aleph_1$ を主張する命題である．実は $2^{\aleph_0}$ が $\aleph_2$ または $\aleph_3$ またはある種の非常に多くの無限基数の一つに等しいようなモデルをそれぞれ与えることができる．策は次のようである：もし，集合論（選択公理を含める）ZF のモデルでその中で CH が成立しないものを捕えることができるならば，これ以上何もすることはない．したがって，われわれが今見つけることのできる ZF のモデルはその中で CH が成り立っているものだけであると想像しよう．そのときこのような一つのモデルを修正してCHが偽となるようにするにはどうすればよいかを示す．

ZF の可算モデル $\langle M, \in \rangle$ で，その中で CH が真であるものを一つとって固定しておく．さらに M は**推移的集合**——すなわち，$x \in M$ かつ $y \in x$ なら $y \in M$ となる集合——であると仮定しておこう．ZF のこのような可算かつ推移的なモデルを用いることは何の制限にもならない；なぜかといえば，もし ZF が無矛盾ならば（これは暗々裡に仮定していた）それはこのようなモデルをもつということが示されるからである（可算モデルの存在は第3章のレーヴェンハイム－スコーレムの定理から従う）[注12]．M が推移的であることを要請している；何となれば，その場合 M が順序数であると認めた集合はすべて本当の順序数であり，しかも実はそれらはある一定の順序数より小さいすべての順序数と一致することが示されるからである．

図では，宇宙のすべての集合を一つのコーンの内部にあるものとして表わし，その真中に増大する順序で順序数が乗っている背骨を1本入れておく．集合が落ち込むコーンの中での高さはその集合の複雑さの尺度を与えると考える．複雑さの程度は集合の水準すなわち同じ高さにある順序数によって与えられる．この概念は正確に述べることができる[注13]．

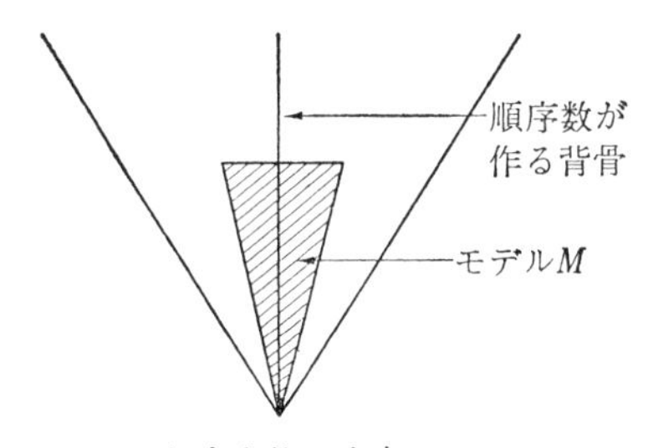

集合全体の宇宙

われわれの推移モデル M はある点までのすべての順序数とその各水準に対応する集合のいくつかとから成っている．

$\langle M, \in \rangle$ では，CH が真であるとしたから自然数全体の集合 ω の部分集合は可能な限り少ないのである．κ を M の中の任意の無限基数とするとき，κ 個の余分な集合をつけ加えて新しい推移的モデル $\langle N, \in \rangle$ を作りその中に M とちょうど同じだけ順序数があるようにする方法を示そう．図で示すと N は M と同じ高さであるが M より太っている．

実世界で構成がどのようになされるかを記述しよう．実は述べようとしている最後の大定理の証明のキーポイントは‘M–人間（すなわち M に住んでいる人）も理解できうる観察である’ということである．M–人間は，これから与えようとしている指令のうちあるものを理解し実行することができる．もちろんある指令は彼にとって意味をなさない——た

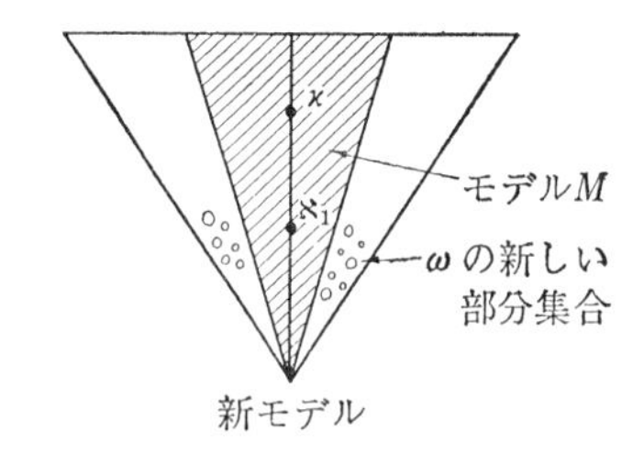

とえば，M が可算であるというような主張は M–人間にはナンセンスである．M は彼の全宇宙であり，したがって彼は M が可算であるということは考えないのである．しかしこの点についてはこれ以上述べない．

各 $\eta<\kappa$ に対し作られる ω の新しい部分集合を a_η とよぶ．もし N を，すべての a_η が互いに異なるように構成するならば，N の中では $2^{\aleph_0}\geqq\kappa$ となるであろう．もちろん ω のこれらの部分集合をつけ加えるならば，N が集合論のモデルであるようにするために他の多くの集合を取り入れなければならない．

ω の新しい部分集合や N について論ずることが可能であるために，それらの明細を記しそれらが何であるべきかを正確に知る前に，N の中へ結局のところ入ってくるすべての集合に名前をつけたい．これを行なうために新しい言語を組立て，その形成規則が N の中へ取り入れられるすべての集合に対し名前をつける方法を与えねばならない．その言語を $\mathcal{L}(M)$ とよぶ——それはもとのモデル M に依存するであろう．$\mathcal{L}(M)$ は述語論理の拡張である．それは次のものを含む:

（i）　各 $\eta<\kappa$ に対し一つの定数記号 $\boldsymbol{a}_\eta$,
　　（これは ω の新しい部分集合 a_η の名前である）;

（ii）　各 $m\in M$ に対し一つの定数記号 $\boldsymbol{m}$,
　　（これは M の要素の名前である；われわれは M が N の部分集合となるように計画していることに注意）;

（iii）　論理記号 $\neg$，&，$\exists$,
　　（他の普通用いられている記号はこれから定義できる）;

(iv) 変数 $v, w, \cdots,$

(v) 2項述語記号 $\varepsilon,\ \equiv,$

(要素所属関係 $\in$ と等号 $=$ について論ずるとき用いるために);

(vi) M の各順序数 α に対し一つずつの記号 $\exists_\alpha$, $\{-:\cdots\}_\alpha$,

($\exists_\alpha v\psi(v)$ は複雑さの水準が α より低い集合 v で性質 ψ をもつものがNの中に存在することをいう; また $\{-:\cdots\}_\alpha$ はαより低い水準の … なる性質をもつものの集合である.)

$\mathcal{L}(M)$ の文は述語論理に対する文と同様にして定義されるが, $\exists_\alpha$ と $\{-:\cdots\}_\alpha$ を使ってもよいという点で少し拡張されている. モデル N は上記リストから作られる項 (すぐ下で定義される) によって名前をつけられたすべての集合から成ることになるであろう. 一つの集合がたくさんの名前をもつこともありうるが, それはかまわない.

さて, これらの記号を用いて次のようにして $\mathcal{L}(M)$ の**項**を作る. 同時に各項に M からの順序数——その**水準**とよばれる——を割り当てる. それは結局, 項によって名づけられる N の集合がもちうる複雑さの最高水準を示す.

(i) 各定数記号は項である. $\boldsymbol{a}_\eta$ の水準は 1 である. 各 $m \in M$ に対し $\boldsymbol{m}$ の水準は M における m の複雑さの水準である.

(ii) $\{v:\psi(v)\}_\alpha$ は項である. ただし ψ は次の条件をみたすものとする. 1°) 自由変数は v だけである, 2°) $\beta>\alpha$ なる β に対する $\exists_\beta$ を含まない, 3°) $\beta \geqq \alpha$ なる β に対する $\{-:\cdots\}_\beta$ を含まない, 4°) $\exists$ は含まない.

この項の水準は α である (ψ に対する上記の制約は水準 α の項を作るには α より低い水準のものについてのみ知る必要があるだけであるようにするためである).

そこで, N が集合論のモデルとなるためには新しい集合 a_η についてどんな制約が必要であるかを考えなければならない. 今, $5 \in a_{37}$ または $11 \notin a_3$ であるということを知っているとしよう. そのときどんな他の事実が N で成立しなければならないか? この型の考察は次の定義へ導く.

定義 条件pとは $n<\omega,\ \eta<\kappa,\ i=0,1$ なる3項列 $\langle n,\eta,i\rangle$ からな

る有限集合で整合的なものである．ここにpが**整合的**とは $\langle n,\eta,0\rangle\in p \Longleftrightarrow \langle n,\eta,1\rangle\notin p$ という意味である．

各条件 p はモデル N についての少量の情報を暗号化したものと考えられる．もし $\langle n,\eta,0\rangle\in p$ ならばこれは $n\in a_\eta$ を意味し，もし $\langle n,\eta,1\rangle\in p$ ならば $n\notin a_\eta$ を意味する．q が $p\subseteq q$ なる他の条件なら q は p より多くの情報を与える．このとき q は p を**拡大する**という．

条件 p の中に暗号化された情報は N で成立すべき一層複雑な事柄をひき起こすかもしれない．われわれは言語 $\mathcal{L}(M)$ を用いて N について論ずることができる．よって条件 p と $\mathcal{L}(M)$ の文 ψ との間の次のような関係を定義する：その関係は，p の中に暗号化された情報が，ψ が N について言っていることを真にさせるときかつそのときに限って成り立つようになっている．

この関係は $p\Vdash\psi$ と書かれ，'p は ψ を**強制**する' と読む．

(i) $p\Vdash \boldsymbol{n}\,\varepsilon\,\boldsymbol{a}_\eta$ となるのは $\langle n,\eta,0\rangle\in p$ であるときかつそのときに限る（上で述べたように $\langle n,\eta,0\rangle\in p$ のときのみ $n\in a_\eta$ であると希望したことに注意）．

(ii) $p\Vdash \boldsymbol{l}\,\varepsilon\,\boldsymbol{m} \Longleftrightarrow l\in m,\quad m\in M,$

(iii) $p\Vdash \boldsymbol{l}\equiv\boldsymbol{m} \Longleftrightarrow l=m,\quad l,m\in M.$

（これら2条項は $M\subseteq N$ であることを望んでいるから現われるのである．よってわれわれは，M の要素間の要素所属関係や相等性関係が変わらないことを望むわけである．）

(iv) ここで $\mathcal{L}(M)$ の中の残りの基本文[注14)]を取り扱ういくつかの条項にきた．それらはしかし少しめんどうであるから，ここにはリストしないことにする．

(v) $p\Vdash(\psi\,\&\,\theta) \Longleftrightarrow p\Vdash\psi$ かつ $p\Vdash\theta.$

(vi) $p\Vdash \exists v\psi(v) \Longleftrightarrow$ ある項 t に対し $p\Vdash\psi(t).$

（換言すれば，p はそれがある集合に性質 ψ をもたせるちょうどそのとき $\exists v\psi(v)$ が成り立つようにさせる．）

(vii) $p\Vdash \exists_\alpha v\psi(v) \Longleftrightarrow \alpha$ より低い水準のある項 t に対し

$$p\Vdash\psi(t).$$

（(vi) におけるように；ただし性質 ψ をもつ N の集合が α より低い水準でなければならない．）

(viii) $p \Vdash \neg\psi \iff q \supseteq p$ なるすべての q に対し $q \Vdash \psi$ が成立しない.

(これは最も興味ある場合である. われわれは

$p \Vdash \neg\psi \iff p \Vdash \psi$ でない

と定義**しない**. なぜかというと, p は ψ を決定するのに十分な情報を暗号化してはいないから p が ψ を強制することに失敗するかもしれないが, しかし p へもっと多くの3項列を加えることによって ψ を強制することができるようになるかもしれないからである. われわれは p に対し, どんなにたくさんの情報をつけ加えてもなおかつ ψ が強制されないときに限って p が $\neg\psi$ を強制することを望むのである.)

この定義がどのように働くかの1例として

$$p \Vdash \neg(\boldsymbol{n} \varepsilon \boldsymbol{a}_\eta) \iff \langle n, \eta, 1\rangle \in p$$

であることを示すことにしよう. これは前述の議論ですでに期待できることであった. 今もし $\langle n, \eta, 1\rangle \in p$ が成り立つと仮定しよう. よって p を拡大するどんな条件 q も $\langle n, \eta, 0\rangle \in q$ となることはできない. したがって, p を拡大するどんな q に対しても q は $\boldsymbol{n} \varepsilon \boldsymbol{a}_\eta$ を強制しない. したがって, $p \Vdash \neg(\boldsymbol{n} \varepsilon \boldsymbol{a}_\eta)$ である.

他方 $\langle n, \eta, 1\rangle \notin p$ と仮定しよう. $q = p \cup \{\langle n, \eta, 0\rangle\}$ を作ると q は整合的でありかつ(p が有限集合だから)有限である. よって q は条件である. $\langle n, \eta, 0\rangle \in q$ であるから $q \Vdash \boldsymbol{n} \varepsilon \boldsymbol{a}_\eta$ であり, したがって条項(viii)により $p \Vdash \neg(\boldsymbol{n} \varepsilon \boldsymbol{a}_\eta)$ ではない.

そこで, 次のような条件の集合 G を求めることを考えよう: G の中の条件の中に暗号化されて入っている情報を全部集めると, N が何であるかはまだわからないが, N で真であるすべてのものをあらかじめ決定するのに十分である. すなわち, われわれが望むことは次のことである:

(a) $\mathcal{L}(M)$ の各文 ψ に対し, $p \Vdash \psi$ か $p \Vdash \neg\psi$ である p が G の中に存在する.

また, 明らかに G は整合的でなければならないから

(b) G のどんな p, q と $\mathcal{L}(M)$ のどんな文 ψ に対しても $p \Vdash \psi$ かつ $q \Vdash \neg\psi$ となることはない.

条件の集合 G はもし性質 (a), (b) をもつならば，**包括的** (generic) であるという注15)．このような包括的集合が実際に存在することを示すことができる（これは M が**可算である**という事実を用いるただ一つの点である）.

さて，一つの包括的集合 G を固定しよう．それを用いて言語 $\mathcal{L}(M)$ の各項に特別な集合としての解釈を与え，われわれの N がちょうどこれらすべての解釈の集合であるというようにする（かくて項 t はその解釈である一つの集合に対する名前となる）．よって各項 t に対しその解釈 $I(t)$ を次のように定義する：

(i) $I(\boldsymbol{a}_\eta) = a_\eta = \{n \in \omega : \exists p \in G(\langle n, \eta, 0\rangle \in p)\}$.

（かくて a_η は G の中のある p が $n \in a_\eta$ であることを暗号化していたそういう n の集合である.）

(ii) 各 $m \in M$ に対し $I(\boldsymbol{m}) = m$.

（なぜなら $\boldsymbol{m}$ は常に m に対する名前であると思われていたから.）

(iii) もし α より低い水準の各項 t に対しすでに $I(t)$ が知られているならば，$I(\{v : \psi(v)\}_\alpha) = \{I(t) : t$ は α より低い水準の項で $\exists p \in G(p \Vdash \psi(t))\}$.

（よって $\{v : \psi(v)\}_\alpha$ は，α より低い水準のもので，その名前が性質 ψ をもつことが G の中のある p によって強制されているようなものの集合と解釈される.）

さて N はすべての解釈の集りであるとしよう．ε と $\equiv$ をそれぞれ本当の $\in$ と $=$ であると解釈するならば，われわれは努力して得てきたものが実際に起こったことを証明できる.

定理（コーエンの真実性補題）；$\mathcal{L}(M)$ の文 ψ がこの解釈の下で N で真であるのは，$p \Vdash \psi$ なる $p \in G$ が存在するときかつそのときに限る.

そこで構造 $\langle N, \in\rangle$ を考えよう．いくつかのすばらしい結果が生ずる．それらを次の定理に総括しよう：

定理（コーエン）：(i) $\langle N, \in\rangle$ は ZF のモデルである．(ii) $\langle N, \in\rangle$ の中の順序数全体と基数全体とはそれぞれ $\langle M, \in\rangle$ の中の対応するもの

と同一のものである．(iii) $\langle N, \in \rangle \models 2^{\aleph_0} \geqq \kappa$.

前にヒントを述べたように，この定理は実際に M–人間が強制の定義を理解し書きつけることができるから成立するのである．上の真実性補題は N についての質問が M に関する質問として言い換えることができることを示している．M は集合論のモデルであるから，われわれはそこで答を知っているわけである．

定理の (iii) は他の二つのものほどむずかしくはない．実際 a_η がすべて互いに異なること，すなわち $\eta \neq \zeta$ ならば $a_\eta \neq a_\zeta$ であることを示すのは容易である[注16]．かくてわれわれは ω の異なる κ 個の部分集合をもつことになり，したがって $2^{\aleph_0}$ は少なくとも κ でなければならないわけである．もし $\kappa = \aleph_2$ (または 任意の有限な n 対にする $\aleph_n$) ととれば，$\langle N, \in \rangle \models 2^{\aleph_0} = \aleph_2$ (または $\langle N, \in \rangle \models 2^{\aleph_0} = \aleph_n$)[注17] であることがわかる．よってわれわれは，たとえばその中で $2^{\aleph_0} = \aleph_2$ が成立する集合論のモデルを得ることができる．このようなどのモデルをもってきても 'CH が集合論 ZF から独立である' ことを 確立するのに十分であることは明らかである．

進んだ読者の手びき

本書に含まれている話題の十分詳しい取り扱いは非常にむずかしい数学を含んでおり，下に列挙したどの書物もそれを読むのにそれほど容易ではない．そのことは本書を書いた一つの理由なのである．

	本書での関係する章
E. J. Lemmon, *Beginning logic.* (Nelson, 1965)	2
G. T. Kneebone, *Mathematical logic and the foundations of mathematics.* (Van Nostrand, 1963)	1, 2, 4, 5, 6
R. R. Stoll, *Set theory and logic.* (W. H. Freeman, 1963)	2, 5
A. Margaris, *First order mathematical logic.* (Blaisdell, 1967)	2
J. W. Robbin, *Mathematical logic, a first course.* (Benjamin, 1969)	2, 5
A. I. Mal'cev, *Algorithms and recursive functions.* (Wolters–Noordhoff, 1970)	4
R. C. Lyndon, *Notes on logic.* (Van Nostrand, 1966)	2, 5
J. R. Shoenfield, *Mathematical logic.* (Addison–Wesley, 1967)	1, 6
E. Mendelson, *Introduction to mathematical logic.* (Van Nostrand, 1964)	2, 5
P. J. Cohen, *Set theory and the Continuum Hypothesis.* (Benjamin, 1966)	5, 6

訳　注

第 1 章

1)　**p.5, l.7↑**　ここでは有理数は負でない有理数の意である．これらがいったん自然数全体と1対1に対応づけられたならば，全有理数をそのように対応づけることはまったく容易である．

2)　**p.6, l.9↑**　連続体とは全順序集合で，デデキントの意味での連続性をもつもの．節末(p. 14)では，実数全体の集合の意味に使っている．

3)　**p.7, l.8↓**　カントルの**対角線論法**とよばれる．なお，ここに述べた記述は正確にいうと次のとおりである．有理数のうちには二通りの無限小数展開が可能なものがあるから表現方法をどちらか一方にきめておかねばならない．たとえば，あるところから先がすべて0であるような表現を許さなければ，m_i として第 i 番無限小数の第 i 位の数字と異なり 0 でない数字をとればよい．

4)　**p.7, l.16↑**　後の一覧表とは $\{T_s : s \in S\}$ のことである．S を $\cdots, s, \cdots$ という一覧表にたとえるなら，これは $\cdots, T_s, \cdots$ という表になると想像するのである．

5)　**p.11, l.8↓**　T を任意の算術体系とする．――(任意とは言っても自ら制限がある；T や下記の T' は帰納的可算とする．‘帰納的可算’については第4章 注1) を参照．) もしそれが弱い体系なら拡張して(記号はそのままで) Peano arithmetic を含むような体系 T' を作る．T' でゲーデルの議論を行なえば，not $\vdash_{T'} \varphi$ かつ not $\vdash_{T'} \neg\varphi$ なる命題 φ が見い出せる．この φ に対し，もちろん not $\vdash_T \varphi$ かつ not $\vdash_T \neg\varphi$ である．

6)　**p.12, l.13↓**　Reckonable (算定可能) な関数のことを指すのであろう．ゲーデルが最初取り扱ったのは所謂**原始**帰納的関数である．

7)　**p.13, l.6↓**　妥当命題 (あるいは後の 17 ページの普遍妥当命題)

とはすべてのモデルで真な命題のことである.

8) **p.14, l.1↑** これは選択公理と連続体仮説が（後で定義される）ツェルメロ－フレンケルの集合論公理体系では証明も論駁もできないということである. カントル流の直観的集合論に対するもっと強力な（しかも自然な）公理系を見つけて，その体系でたとえば連続体仮説が証明できるかもしれないという希望は残されている.

第 2 章

1) **p.16, l.7↑** たとえば，$\exists x(x+y=z)$ を $\exists u(u+y=z)$ と書きかえることはよいが，x を y でおきかえてはいけない：$\exists y(y+y=z)$ は前のものと異なる意味をもつ論理式である.

2) **p.17, l.16↑** 公理図式の**図式** (schema) については第 6 章または訳者解説の §1 を参照されたい.

3) **p.20, l.14↑** この定理は章末にあげた公理を用いて導かれる. まず $\vdash(\varphi\to\psi)\to((\varphi\to\neg\psi)\to\neg\varphi)$ がいえる. $\sum+\varphi$ が矛盾すれば，$\sum+\varphi\vdash\psi$ かつ $\sum+\varphi\vdash\neg\psi$ なる文 ψ がある. これらを組合せれば $\sum\vdash\neg\varphi$ が得られる. なお，訳者解説 § 1 を参照されたい.

4) **p.23, l.2↓** 帰納法の仮定として $\sum_n$ は無矛盾とし $\sum_{n+1}\neq\sum_n$ の場合を考える. もし，$\sum_{n+1}=\sum_n+\varphi_{n+1}$ が矛盾すれば前述の定理 (p. 20) によって $\sum_n\vdash\neg\varphi_{n+1}$ でなければならない. しかし，これは $\sum_{n+1}$ の作り方に反する. よって $\sum_{n+1}$ は無矛盾である.

5) **p.23, l.11↓** 任意の文 φ をとる. もし $\sum^*\nvdash\neg\varphi$ ならすべての n について $\sum_n\nvdash\neg\varphi$. $\varphi=\varphi_{n+1}$ であるとすれば，これは $\sum_n\nvdash\neg\varphi_{n+1}$ であるから $\varphi_{n+1}\in\sum_{n+1}$. よって $\varphi\in\sum^*$. もちろん $\sum^*\vdash\varphi$.

6) **p.23, l.5↑** 今までのとは $\psi_1,\psi_2,\cdots,\psi_{n-1}$ および $\theta_1,\theta_2,\cdots,\theta_{n-1}$ のことを指す. なお pp. 23–25 の議論を厳密に行なうためには**定数記号をもつ述語論理**の展開を要する.

7) **p.26, l.8↓** これらの公理図式において $y_1,\cdots\cdots y_n$ はそれぞれの論理式における一番外側の括弧内の論理式に現われるすべての自由変数を表わす.

第 3 章

1)　**p. 27. *l*. 4↑**　構造とは空でない集合 A と A 上の関係 $R_i (i \in I)$ とからなる組 $\langle A, R_i \rangle_{i \in I}$ のことである．もっと正確にいえば，$t: I \to \omega$ なる関数 t が付随した添数付集合 $\langle A, R_i \rangle_{i \in I}$ で，t は次の条件をみたすものとする：

1°)　$t(i) = 0$ なら $R_i \in A$

2°)　$t(i) > 0$ なら $R_i \subseteq A^{t(i)} = \overbrace{A \times A \times \cdots \times A}^{t(i)\text{ 個}}$.

I が有限集合 $\{1, 2, \cdots, n\}$ ならば単に

$$\langle A, R_1, R_2, \cdots, R_n \rangle$$

と書く．このほか関数を入れる場合もある．なお解説 §2 も参照されたい．

2)　**p. 29, *l*. 1↑**　(iii), (iv), (v) をみたす関係はいわゆる**同値関係**とよばれるものであり，よく知られているようにこの関係によって集合 A を**類別**することができる．本文の各部分集合はこの類別による**類**にほかならない．

3)　**p. 31, *l*. 7↑**　訳者解説 §2 で定義する用語を使うと，本文のこの同値式は $\mathcal{N}$ と $\mathcal{A}$ とが**初等的同値**であることを意味する：$\mathcal{N} \equiv \mathcal{A}$. 一般に理論 T のすべてのモデルが互いに初等的同値ならば，T は**完全**であるという．われわれの $\sum_0$ はこの意味で完全である．そのことの証明は本文にいうとおり少し技巧をこらさなければならないから省略する([17]参照)．なお，完全性に関し次の定理が成り立つ：

定理　理論 T が完全であるための必要十分条件は T が充満であることである．

証明：　T が完全であるとする．もし $T \nvdash \varphi$ かつ $T \nvdash \neg\varphi$ なる文 φ があれば，$T \cup \{\varphi\}$ も $T \cup \{\neg\varphi\}$ も無矛盾であるからゲーデル-ヘンキンの定理によりそれぞれモデル $\mathcal{B}_1$, $\mathcal{B}_2$ をもつ．$\mathcal{B}_1$, $\mathcal{B}_2$ は T のモデルであるが，$\mathcal{B}_1 \models \varphi$, $\mathcal{B}_2 \nvDash \varphi$ であるから $\mathcal{B}_1 \not\equiv \mathcal{B}_2$. 不合理．逆に T が充満ならば，任意の文 φ に対し，$T \vdash \varphi$ か $T \vdash \neg\varphi$. 今，$\mathcal{B}_1$, $\mathcal{B}_2$ を T の任意のモデルとすると，前者なら $\mathcal{B}_1 \models \varphi$ かつ $\mathcal{B}_2 \models \varphi$, 後者なら $\mathcal{B}_1 \models \neg\varphi$ かつ $\mathcal{B}_2 \models \neg\varphi$. これは $\mathcal{B}_1 \models \varphi \Longleftrightarrow \mathcal{B}_2 \models \varphi$

を意味するから $\mathscr{B}_1 \equiv \mathscr{B}_2$.

4) **p. 32, *l*. 11↓** 解説 §2 で定義する記法に従えば，結局われわれは

$$\{\varphi : \sum_0 \vdash \varphi\} = \mathrm{Th}(\mathscr{N})$$

を証明したわけである．なお，理論 T が $T = \mathrm{Th}(\mathscr{A})$ なるモデル $\mathscr{A}$ をもてば T は充満である．これはごく簡単な練習問題である．

5) **p. 32, *l*. 10↑** 関係 R が**連結**とは，領域の任意の 2 要素 a, b に対し aRb か bRa か $a = b$ のどれかが成立すること，すなわち論理式 (x) が満足されることである．

6) **p. 32, *l*. 4↑** 同型の定義は訳者解説 §2.2 を参照されたい．

7) **p. 33, *l*. 4↑** 全順序集合としての N を ω (0 を含める)， 全順序集合としての‘負整数の集合 (0 を含める)’を ω^* で表わす (すなわち，ω^* は ω の順序を反対に読んだものと考えてよい)．このとき B は $\omega + \omega^* + \omega$ で表わされる全順序集合と同型である．

8) **p. 37, *l*. 15↓** 超巾とよばれる N^ω/F がその 1 例である．ここに F は ω 上の非主超フィルターである．これについては訳者解説 §2 を参照されたい．

第 4 章

1) **p. 43, *l*. 7↓** 前者はあの $\sum_0$ を用いて $\{\varphi : \sum_0 \vdash \varphi\}$ をリストすることであり，後者は $\{\varphi : \vdash \varphi\}$ なる φ をリストすることである．どちらもいわゆる帰納的可算集合であって機械的な方法でリストすることができる．次章で述べるゲーデル数化の方法によれば，これらの集合は自然数の集合と考えてよい．

一般に $A(\subseteq N)$ が**帰納的可算**であるとは，ある帰納的関数 (本文で後述) f に対し

$$A = \{f(n) : n = 0, 1, 2, \cdots\}$$

と表示されることである．すなわち A はある帰納的関数 f によって

$$f(0),\ f(1),\ f(2),\ \cdots$$

というように‘リスト’されるのである．

2) **p. 43, *l*. 1↑** 文 φ が論理の公理から導出可能であるとき，φ は**論理的に妥当**であるという．

3)　**p.45, *l*.8↓**　$\langle q_i, S_j, *, \dagger\rangle$ と $\langle q_k, S_l, \text{☆}, \circ\rangle$ とが同じチューリング計算機の異なる4項列ならば $\langle q_i, S_j\rangle \neq \langle q_k, S_l\rangle$ という意.

4)　**p.55　流れ図**　a) 目印記号 ♯ と ☆ は（わかりやすさを増すために）訳者が書き加えたもので，もちろんこれらは標準字母によって表示すべきものである.

b) テープ P の右端のときは $*$ を右へ移して空白を作らなければならないからである.

c) P の左端にきたときは M では P の左隣の空白 □ へヘッドがゆくのであるが，これを U が真似するときは $**$ の右隣に □ を一つ作って（そのため，$**$ の右方にある記号列は1区画右へずらさねばならない），そこに M のヘッドがあることを示す記号 ☆ をつけておくのである. □ は U においても同じく □ によってコード化されていることに注意.

5)　**p.57, *l*.13↑**　たとえば

$$abcq_h\square d \rightarrowtail abc\diamondsuit d \begin{array}{l} \nearrow ab\diamondsuit d \\ \searrow abc\diamondsuit \end{array}$$

6)　**p.58, *l*.4↑**　W に変換 $T \rightarrowtail T'$ を1回施して W' が得られるとき W' は W の（U–計算法での）**直接結果**であるという.

第5章

1)　**p.68, *l*.21↑**　論理記号を一つも使ってない論理式を基本論理式または原始論理式という. 16ページの定義では $P(x, y)$ がそれである. 本章で取り扱っている算術体系においては，たとえば $s(0)+s(s(0)) = s(s(s(0)))$ とか $x \times y = z + u$ といった形のものが基本論理式である. もちろん厳密に定義することができる（訳者解説 §2 参照）.

2)　**p.69, *l*.10↑**　たとえば，$\neg x = 0$ のゲーデル数は $2^{11}\cdot 3^9\cdot 5^5\cdot 7^1$ である. これから 2^{11} を除き，指数を詰めて $2^9\cdot 3^5\cdot 5^1$ を作れということである. これを**再コード**といったのである.

3)　**p.70, *l*.4↑**　なぜなら，一般に第 i $(\geqq 0)$ 番目の素数を p_i で表わすとき（したがって $p_0 = 2$, $p_1 = 3$, $p_2 = 5, \cdots, p_7 = 19, \cdots$），正整数の有限列 $a_0, a_1, \cdots, a_n$ に対し

$$p_0^{a_0}p_1^{a_1}\cdots p_n^{a_n} > p_0^{a_1}p_1^{a_2}\cdots p_{n-1}^{a_n}$$

が成り立つからである.

4)　**p.72, *l*.4↑**　述語（同じことであるが，関係）$R(x_1, \cdots, x_n)$ が**帰納的**であるとは，任意に与えられた $x_1, \cdots, x_n$ に対し $R(x_1, \cdots, x_n)$ が成り立てば YES を，そうでなければ NO を出力するチューリング計算機が存在することである．これは

$$f_R(x_1, \cdots, x_n) = \begin{cases} 1 & R(x_1, \cdots, x_n) \text{ のとき} \\ 0 & \text{そうでないとき} \end{cases}$$

によって定義された関数 f_R（R の**特性関数**という）が帰納的関数であることにほかならない．‘帰納的集合’の概念も同様に定義される．

5)　**p.77, *l*.7↑**　すべての n について $\vdash \bar{n} = \bar{n}$ であるから ω-無矛盾性によって $\vdash \exists \mathrm{x} \neg(\mathrm{x} = \mathrm{x})$ は成り立たない．よって証明不可能文が存在するから体系は無矛盾である．

6)　**p.77, *l*.6↑**　Kleene の本 [23] p. 212 を参照．

7)　**p.79, *l*.12↓**　この拡大体系が無矛盾ならその無矛盾性証明はこの拡大体系の中では実行できないということ．

8)　**p.79, *l*.3↑**　これはこういう意味である：次章で公理的集合論 ZF が導入される．これは非論理記号が $\in$ だけの言語（集合論の言語）で形式化される．この言語の文であって ZF の公理をなすもの全体を Σ とする．Σ が無矛盾であるとの定義は第 2 章の定義のとおりであるとする．ゲーデル数の方法で ‘Σ が無矛盾である’ということを数論の文として表わすことができる．これを Consis (ZF) と書き表わすことにする．集合論 ZF は数論を含むから Consis (ZF) は集合論言語の一つの文である．このときゲーデルの論法を体系 ZF で実行すると ‘ZF $\vdash$ Consis(ZF) ではない’ということが証明できる．すなわち

“集合論 ZF の無矛盾性は集合論 ZF の中では証明することができない”

というのである．それでは一体 ‘何処で’ 行なうべきか？ Give up!

第 6 章

1)　**p.80, *l*.7↓**　内包性公理と置換公理の提示のことをいっている．

それらは——すぐ後でわかるように——集合論に対する形式的体系を作ることによって初めてキチンと定式化される.

2)　**p. 81, l. 13↑**　大きすぎる集りはクラスとよばれ集合とは区別される：集合論言語の各1変数論理式 $\varphi(x)$ に**クラス**と称する（集合の）集り K_φ を対応させる. これを

$$K_\varphi = \{x : \varphi(x)\}$$

と書く. すなわち, $\varphi(x)$ が成り立つようなすべての x の‘集り’である. それらのうち特別なものは集合になりうるが, 一般に K_φ が集合であるという保証はできない. 集合であると保証されたもの以外を‘真のクラス’という. たとえば本文の $R = \{x : x \notin x\}$ は真のクラスである. また, $V = \{x : x = x\}$ はすべての集合の集りで, 集合論の**宇宙**とよばれるクラスである. クラス K_φ は $\varphi(x)$ と書く代りに $x \in K_\varphi$ と書く便法のようなものであるが, より形式的な取り扱いもできる. たとえば, ゲーデル [21] に詳しい展開がある.

3)　**p. 81, l. 9↑**　28ページの (vi) において $\varphi(x, y)$ として $\forall z(z \in x \leftrightarrow z \in y)$ をとる. このとき $\varphi(x, x)$ は当然成立するから (vi) を用いて $x = y \to \varphi(x, y)$ が成り立つ.

4)　**p. 93, l. 13↑**　すなわち, ‘任意の集合 x に対し $x \approx \alpha$ となる順序数 α がある’ということ, 換言すれば‘任意の集合は適当な順序関係を用いて**整列**される’ことにほかならない. この命題は選択公理と同値であることが知られている.

5)　**p. 93, l. 12↑**　与えられた集合 x に対し $x \approx \alpha$ となる最小の順序数 α が存在する. これは順序数の性質である. キチンとは述べられていないが, このような α が存在することは順序数が基準の列をなしているという本文の説明からあいまいながら類推されるであろう.

6)　**p. 93, l. 7↑**　この考えはちょっと危険である. 著者は1要素集合全体 A と 1 とを対にして $\langle A, 1\rangle$ を作り, 2要素集合全体 B と 2 とを対にして $\langle B, 2\rangle$ を作り, …と考えているようである. しかしこのような A, B などは集合ではないから前に述べたような意味での対集合 $\langle A, 1\rangle = \{A, \{A, 1\}\}$ を作ることができない（クラスとしてならよいが, それではこの場合困るのである）. 厳密な取り扱いは多少

の技巧を要する.

7) **p.94, *l*.12↓** $\aleph_1$ は可算順序数全体からなる集合である.

8) **p.95, *l*.10↓** $I=\{x\in R: 0<x\leqq 1\}$ とおく. $I\approx R$ であることはよく知られている. I の実数を2進小数展開して $x=0.x_0x_1x_2\cdots$ とする. よって x_i は 0 か 1 である. 展開の一意性のため有限小数はあるところから先がすべて 1 である無限小数に直しておく. そこで各 $x\in I$ に $f_x(i)=x_i$ $(i=0,1,2,\cdots)$ なる関数 f_x を対応させる. f_x は ω の部分集合 $\{i: f_x(i)=1\}$ と同一視できるから $f_x\in P(\omega)$ である. 明らかに $x\neq y\rightarrow f_x\neq f_y$. したがって, $|I|\leqq|P(\omega)|$. $|P(\omega)|\leqq|I|$ を証明するために, 各 $f\in P(\omega)$ に対し I の中の実数 $r(f)=0.f(0)0f(1)1f(2)0f(3)1\cdots$ を対応させる. 明らかに $f\neq g\rightarrow r(f)\neq r(g)$. ゆえに $|P(\omega)|\leqq|I|$. したがって $I\approx P(\omega)$.

9) **p.98, *l*.12↓** ちょっとした考察によって $M_\alpha\subseteq \mathrm{Def}(M_\alpha)$ であることを証明できるから, $M_{\alpha+1}$ の定義は実は

$$M_{\alpha+1}=\mathrm{Def}(M_\alpha)$$

で十分である（なお $M_\alpha\in\mathrm{Def}(M_\alpha)$ なることも容易に示されることを注意しておこう).

10) **p.99, *l*.1↑** これは M_α が推移的集合（本文のすぐ後に定義がある）であるという事実による.

11) **p.100, *l*.6↓** 選択関数が L の要素として得られること: 集合論の全宇宙, すなわちすべての集合のクラスを V とする（訳注 2)）本文の議論を '$V=L$' という仮定（ゲーデルの**構成可能性公理**という）の下で行なうと, 選択関数はもちろん L の要素である. すでにわれわれは L が ZF のモデル（選択公理以外の）であることを知っているから, ZF + '$V=L$' での上述の全議論を L の中で展開することができる. その際, V は L と解釈され, L は L^L（すなわち L の定義に現われる $\forall x$ と $\exists x$ をすべて $\forall x\in L$ と $\exists x\in L$ でおきかえて得られたもの）で解釈される. ところが

(*) $$L^L=L$$

であることが証明されるので, 選択関数は L の要素として得られるわけである. ゆえに $\langle L,\in\rangle\models$ 選択公理.

上の (*) は結局

(♯)　　$\langle L, \in \rangle \models V = L$

ということで，L では ‘すべての集合が構成可能である’ という公理が成立することを意味する．これの証明の際特に重要なことは

（☆） $x \in M_\alpha$ が集合論の言語における一つの論理式 $\psi(x, \alpha)$ として表示できる．

という事実である．この証明は少し厄介であるから，残念ながらこれを含めて (♯) の証明はすべて省略する．

一般連続体仮説 GCH が ZF と無矛盾であることの証明も上と同じ論法による．すなわち，まず $V = L \to$ GCH を証明し，(♯) によって $\langle L, \in \rangle \models$ GCH を導くのである．なお，GCH → 選択公理 なることが知られている（たとえば，難波 [10] を参照されたい）．

12) **p.101, *l*.9**↓ ここの部分の詳細は訳者解説の §5.1 を参照されたい．

13) **p.101, *l*.17**↓ 集合の複雑さの水準は次のように定義される：順序数 α に対し集合 V_α を

$$V_0 = \emptyset$$

$$V_{\alpha+1} = P(V_\alpha) \quad (V_\alpha \text{ の巾集合})$$

$$V_\alpha = \bigcup \{V_\beta : \beta < \alpha\} \quad (\alpha \text{ は極限数})$$

によって定義する．基底公理を用いると，任意に与えられた集合 x に対し $x \in V_\alpha$ なる順序数 α が存在することが証明される．すなわち，V を集合論の全宇宙とすると

$$V = \bigcup \{V_\alpha : \alpha \text{ は順序数}\}$$

となる．そこで集合 x に対し

rank(x): $x \in V_{\alpha+1}$ なる最小の順序数 α

と定義しこれを x の**階数**という．x の複雑さの水準とはこの rank(x) のことである．rank(x) を $\rho(x)$ と書くこともある．

14) **p.104, *l*.11**↑ たとえば，$\{-:\cdots\}_\alpha \varepsilon \boldsymbol{m}$, $t \varepsilon \{-:\cdots\}_\alpha$, $t \equiv t_1$ のような形の文に対するもの，ここに t, t_1 は項である．1 例をあげよう．$p \Vdash t \varepsilon \{v : \psi(v)\}_\alpha$

$\Longleftrightarrow$ 水準が α より小さいある項 u に対し $p \Vdash u \equiv t$

かつ $p \Vdash \psi(u)$.

（分岐階層による強制法はこの部分が複雑になる.）

15） **p. 106, *l*. 2↓** 条件（b）は次の条件（b′）でおきかえられる.

（b′） G の任意の p, q に対し $p \subseteq r$ かつ $q \subseteq r$ なる r が存在する.

［このとき G は**整合的**であるという.］

16） **p. 107, *l*. 9↓** $\eta \neq \zeta$ のときもし $a_\eta = a_\zeta$ ならば $\langle N, \in \rangle \Vdash \boldsymbol{a}_\eta \equiv \boldsymbol{a}_\zeta$ であるから, 真実性補題によって $p \Vdash \boldsymbol{a}_\eta \equiv \boldsymbol{a}_\zeta$ なる $p \in G$ が存在する. p は有限集合だから, $\langle n, \eta, 0 \rangle \notin p$ かつ $\langle n, \zeta, 0 \rangle \notin p$ なる自然数 n がある. $q = p \cup \{\langle n, \eta, 0 \rangle\}$ なる q を作ると q は条件であって $q \Vdash \boldsymbol{n} \, \varepsilon \, \boldsymbol{a}_\eta$, しかし $q \Vdash \neg(\boldsymbol{n} \, \varepsilon \, \boldsymbol{a}_\zeta)$. よって $q \Vdash \neg(\boldsymbol{a}_\eta \equiv \boldsymbol{a}_\zeta)$. ところで $q \supseteq p$ であり, $p \Vdash \boldsymbol{a}_\eta \equiv \boldsymbol{a}_\zeta$ であるから $q \Vdash \boldsymbol{a}_\eta \equiv \boldsymbol{a}_\zeta$ でなければならない. これは不合理. ゆえに $a_\eta \neq a_\zeta$ である.

17） **p. 107, *l*. 12↓** $\langle N, \in \rangle \Vdash 2^{\aleph_0} \leqq \aleph_2$ であることの証明はややめんどうである. その証明も含めてコーエンの定理のほぼ完全な証明を訳者解説 §5 に記述してある.

訳 者 解 説

本文の読了によってさらに進んで数理論理学を学んでみたいと思う読者のために，多少のガイドと解説を書いてみたい．本書はその目的から当然のように大部分がお話しであって，キチンとした数学の展開ではない（もちろんところによってはわずかの修正で数学の議論になりうるものもある）．そこで興味をもたれた読者のために，以下ではなるべく厳密な展開を記述するつもりである．定義など本文と重複するものもあるが話の都合上書いたのでご容赦いただきたい．脚注の説明を利用するところもある．

第1章は歴史的な話であるからこれはそのままでよいであろう．第2章で，原書ではいきなり述語論理の説明から入っているが，通常はより簡単な命題論理から入るのがわかりやすいであろう．よって§1では命題論理の体系の主要部分を論ずる．§2ではモデル理論の若干の方法を紹介する．§5ではCHの独立性の証明をほぼ完全に示す．相当ていねいに書いたつもりであるが，特に最初の部分でやむをえず証明を省いたところがある．それらの部分はむしろ一般論に属するものだからである．§3, 4ではそれぞれ第4, 5章に関する参考書を紹介するにとどめた．第4章については邦語の良書がたくさんあるので解説は省略する．第5章の正確な記述は相当の紙数を要するのでこれもよけいな解説をつけ加えないことにした．なお§1, 2, 5のそれぞれのおしまいに第2, 3, 6章への参考書を紹介しておいた．

§ 1. 命題論理

本節では命題論理の主要事項をややていねいに解説する．**命題論理**とは一口にいえば，命題をその内容的意味に立入ることなく単に命題と命題との間の論理的関係のみに注目する論理学である．これに対し命題を主語·述語の関係にまで分析して論ずるものが**述語論理**である．

1.1　言語　使用する記号と，それらを用いて項および論理式とよばれる記号列を定義する**形成規則**とが定められたとき一つの**言語**が与えられたという．ただし項を取り扱わない言語もある．命題論理を展開するための言語 $\mathcal{L}_P$——項をもたないものである——を定義しよう．

1°) $\mathcal{L}_P$ の記号

（1） 命題文字：$\mathfrak{A}, \mathfrak{B}, \mathfrak{C}, \cdots$.（これから有限個取り出すとき $\mathfrak{A}_1, \mathfrak{A}_2, \cdots, \mathfrak{A}_n$ などと書く．）

（2） 論理記号：$\neg$，$\wedge$，$\vee$，$\rightarrow$.（それぞれ，‘でない’，‘そして’，‘あるいは’，‘ならば’ を意図しているが，今は無意味な記号である．）

（3） 特殊記号：括弧（，）

2°) $\mathcal{L}_P$ の形成規則——**論理式**の定義

（1） 各命題文字は論理式である．

（2） A が論理式なら $\neg(A)$ は論理式である．

（3） A と B が論理式なら $(A)\wedge(B)$，$(A)\vee(B)$，$(A)\rightarrow(B)$ は論理式である．

（4） (1)～(3) によって構成されたもののみが論理式である．

これが $\mathcal{L}_P$ である．ここに述べた論理式の定義はいわゆる**帰納的定義**とよばれる定義方法で，数理論理学には随所に現われる重要なものである．この程度のそして本文第2章で用いられた程度の帰納的定義は適当な意味で数学的帰納法に帰着されるものであるが，もっと複雑な帰納的定義は一種の超限帰納法である．後者についての日本語の解説は（シンポジウムの報告集を除けば）皆無である．

さて論理式の定義を見てみよう．まず (1) によって $\mathfrak{A}$ と $\mathfrak{B}$ は論理式である．よって (2) において A として $\mathfrak{B}$ をとることにより $\neg(\mathfrak{B})$ は論理式である．次に (3) において A として $\neg(\mathfrak{B})$，B として $\mathfrak{A}$ をとると $(\neg(\mathfrak{B}))\rightarrow(\mathfrak{A})$ は論理式である．さらに (2) において A として $(\neg(\mathfrak{B}))\rightarrow(\mathfrak{A})$ をとれば $\neg((\neg(\mathfrak{B}))\rightarrow(\mathfrak{A}))$ は論理式である．このようにしていろいろな論理式が構成される．今用いた A，B は $\mathcal{L}_P$ の記号ではなく，$\mathcal{L}_P$ の記号または記号列を表わす記号である．すなわち $\mathcal{L}_P$ の議論をするとき $\mathcal{L}_P$ の記号(列)の名前として用いられるもので，これを**超記号**という．このような記号の用法は改めて説明するまでもないほどよく使われているが，もし超記号を使わないで議論しようとするとたちまち困難につきあたるであろう．たとえば上の場合，論理式を定義するのに無限個の条項を書かなければならなくなる．

ところで，括弧はあまりに多すぎるとかえって読みにくくなるので混乱が起きない程度に省略するほうがよい．よって，$\neg((\neg(\mathfrak{B}))\to(\mathfrak{A}))$ は $\neg(\neg\mathfrak{B}\to\mathfrak{A})$ と書く．また，複雑な式の場合 {，} とか [，] を補助的に使ってもよい（しかしそれらは一種の略記法であると心得ておくべきである）．

1.2 命題論理の体系 使用する言語と，その言語における論理式についての公理系および推論法則とが与えられたとき，一つの**形式的体系**が定義されたという．そこで命題論理の体系 $\boldsymbol{P}$（以下簡単のため命題論理 $\boldsymbol{P}$ ということにする）を定義しよう．

命題論理 $\boldsymbol{P}$ の定義

1°） 言語は $\mathcal{L}_P$ である．

2°） 公理系．これは次の公理図式で与えられる．A, B, C は $\mathcal{L}_P$ の（任意の）論理式を表わす超記号である．

（1） $A\to(B\to A)$

（2） $(A\to B)\to[(A\to(B\to C))\to(A\to C)]$

（3） $A\wedge B\to A,\ \ A\wedge B\to B$

（4） $A\to(B\to A\wedge B)$

（5） $A\to A\vee B,\ \ B\to A\vee B$

（6） $(A\to C)\to[(B\to C)\to(A\vee B\to C)]$

（7） $(A\to B)\to[(A\to\neg B)\to\neg A]$

（8） $\neg\neg A\to A$

3°） 推論法則．A と $A\to B$ とから B が推論される．これはすでに第2章で述べられ，**モーダス・ポーネンス**とよばれた．これを

$$\frac{A\quad A\to B}{B}$$

と書き表わすことがある．この記法は便利なのでよく用いられる．このとき，B は $A,\ A\to B$（から）の**直接結果**であるとよばれる．

公理はいわば出発式であり，これらおよびこれからすでに導かれた論理式を用いてさらに新しい論理式を導くのが推論法則である．

以上で $\boldsymbol{P}$ が与えられたから，今度は $\boldsymbol{P}$ の形式的証明，形式的定理

などの概念を導入して命題論理を展開することにしよう.

定義 論理式の有限列 $A_1, A_2, \cdots, A_k$ で次の条件をみたすものを($\boldsymbol{P}$の)**形式的証明**という.

(i) A_1 は公理である.

(ii) $i>1$ なる A_i は, (a) 公理であるか, (b) $j_1, j_2<i$ なるある A_{j_1}, A_{j_2} からの直接結果である.

このとき $A_1, A_2, \cdots, A_k$ は A_k の形式的証明であるという. 論理式 A は, A の形式的証明が存在するとき, **形式的証明可能**であるまたは**形式的定理**であるといい

$$\vdash A$$

と書く. k を形式的証明の**長さ**という.

A が形式的証明可能であることは, 次のように帰納的定義によっても与えることができる.

1°) A が公理ならば, A は形式的証明可能である.

2°) B, C が形式的証明可能であり A が B, C からの直接結果ならば, A は形式的証明可能である.

3°) 1°), 2°) によって与えられるときのみ A は形式的証明可能である.

例 1 $\vdash A \to A$

$A \to A$ の形式的証明は次の論理式列である: $A \to (A \to A)$,
$\{A \to (A \to A)\} \to [\{A \to ((A \to A) \to A)\} \to (A \to A)\}$,
$\{A \to ((A \to A) \to A)\} \to (A \to A)$, $A \to ((A \to A) \to A)$, $A \to A$.
これを次のような樹形に書き表わすことができる. 天井には公理のみが許され, 横線の下は線上の二つの論理式の直接結果がくるようになっている.

$$\dfrac{A\to((A\to A)\to A) \qquad \dfrac{A\to(A\to A) \qquad \{A\to(A\to A)\}\to[\{A\to((A\to A)\to A)\}\to(A\to A)]}{\{A\to((A\to A)\to A)\}\to(A\to A)}}{A\to A}$$

練習問題 **1.** $\vdash (A \vee B) \to (B \vee A)$

2. もし $\vdash A$ ならば, $\vdash B \to A \wedge B$.

$A \wedge B \to B \wedge A$ や $(A \vee B) \vee C \to A \vee (B \vee C)$ のような簡単なよく知られた論理式さえその形式的証明を記述することはめんどうである. そ

こで，これらのものが形式的証明可能であることを示すための方法を述べよう．

1.3　演繹定理

定義　Γ を論理式の有限列とする．形式的証明と証明可能の定義において‘公理’という部分を‘公理または Γ の論理式’でおきかえたとき，対応する概念を **Γ からの演繹，Γ から演繹可能**という（すなわち Γ を公理として加えた形式的体系における‘証明可能’である）．A が Γ から演繹可能のとき

$$\Gamma \vdash A$$

と書く（Γ からの証明，Γ から証明可能とよんでもよい）．

練習問題　3.　A が Γ から演繹可能であることの帰納的定義を記述せよ．

例 2　$A,\ B,\ A \to (B \to C) \vdash C$

$\Gamma = \{A, B, A \to (B \to C)\}$ に対し Γ からの C の演繹を樹形で書くと下図のようになる．天井には公理か Γ の中の論理式が許されるという点で形式的証明と異なるだけである．

$$\dfrac{B \qquad \dfrac{A \qquad A \to (B \to C)}{B \to C}}{C}$$

練習問題　4.　$A \wedge B \to C,\ A,\ B \vdash C$

$\Gamma = \varnothing$（空列）として Γ からの演繹は前に述べた形式的証明の概念を含んでいるわけである．

補題 1. $C,\ D,\ E$ は論理式を，Γ と Δ は論理式の有限列を表わすとする．

(i)　$E \vdash E.$

(ii)　$\Gamma \vdash E$ ならば　$C, \Gamma \vdash E.$

(iii)　$\Delta, D, C, \Gamma \vdash E$ ならば　$\Delta, C, D, \Gamma \vdash E.$

(iv)　$C, C, \Gamma \vdash E$ ならば　$C, \Gamma \vdash E.$

(v)　$\Delta \vdash C$ でかつ　$C, \Gamma \vdash E$　ならば　$\Delta, \Gamma \vdash E.$

この補題の証明は容易であるから省略する．

補題 2. $A_1, A_2, \cdots, A_k$ が Γ からの A_k の演繹ならば，$i < k$ なる任

意の i に対し始切片 $A_1, A_2, \cdots, A_i$ は A_i の Γ からの演繹である.

これも定義から直ちにわかることである. そこで有名な演繹定理を述べよう. これは夭折の天才 J. エルブランに負うものである.

演繹定理 A と B は論理式で Γ は論理式の有限列であるとする. もし $\Gamma, A \vdash B$ ならば, $\Gamma \vdash A \to B$ である.

証明 : Γ と A を固定する. '任意の論理式 B に対し, もし B が長さ k の Γ, A からの演繹をもてば, Γ からの $A \to B$ の演繹が存在する' という命題を $Q(k)$ で表わす. すべての自然数 $k > 0$ に対し $Q(k)$ が正しいならば演繹定理が証明されたのである.

基礎 $Q(1)$ が成り立つこと: B の Γ, A からの長さ 1 の演繹が与えられている.

場合 1) B が公理であるとき.

$$\text{論理式列} \quad B, B \to (A \to B), \ A \to B$$

は $A \to B$ の Γ からの演繹である.

場合 2) B が Γ に属する論理式のとき. 1) に同じ.

場合 3) B がちょうど A と一致しているとき. $\vdash A \to A$ はすでに知っている. よって補題 1 から $\Gamma \vdash A \to A$, すなわち $\Gamma \vdash A \to B$ である.

帰納の段階 **帰納法の仮定**としてすべての $l \leqq k$ に対し $Q(l)$ が成り立つことを仮定する. そこで $Q(k+1)$ を証明するために B の Γ, A からの長さ $k+1$ の演繹が与えられているとする.

場合 1)~3) これは基礎のときとまったく同様である.

場合 4) B は C, $C \to B$ なる形の論理式の直接結果である. ただし, C, $C \to B$ は与えられた Γ, A からの演繹の中に現われる論理式で B より前にあるものである. B の Γ, A からの演繹は

$$(*) \qquad \begin{matrix} D_1, D_2, \cdots, & D_i, & \cdots, & D_j, & \cdots, & D_{k+1} \\ & \| & & \| & & \| \\ & C & & C \to B & & B \end{matrix} \qquad \left(\begin{matrix} i \text{ と } j \text{ が反対} \\ \text{のこともある} \end{matrix}\right)$$

となっているわけである. 補題 2 によれば, $(*)$ の始切片 $D_1, \cdots, D_i$ と $D_1, \cdots, D_j$ はそれぞれ C, $C \to B$ の Γ, A からの演繹である. これらの長さ i, j は k 以下であるから帰納法の仮定 $Q(i)$, $Q(j)$ が適用できて,

$$(**) \qquad \Gamma \vdash A \to C \quad \text{および} \quad \Gamma \vdash A \to (C \to B)$$

が成り立つ. これを用いて $A \to B$ の Γ からの演繹は次の樹形で与え

られる：点線の部分にはそれぞれ (**) で与えられた Γ からの演繹の樹形が入るのである．

$$\dfrac{\underset{A\to(C\to B)}{\vdots} \qquad \dfrac{\underset{A\to C}{\vdots} \qquad (A\to C)\to[(A\to(C\to B))\to(A\to B)]}{(A\to(C\to B))\to(A\to B)}}{A\to B}$$

これで $Q(k+1)$ が成り立つことがわかった．よって数学的帰納法によりすべての k に対し $Q(k)$ が成立し，したがって演繹定理の証明が完結した．

例 3　例 2 によって $A\to(B\to C), B, A\vdash C$ である． これに次々に演繹定理を適用すると

$$A\to(B\to C), B\vdash A\to C$$
$$A\to(B\to C)\vdash B\to(A\to C)$$
$$\vdash[A\to(B\to C)]\to[B\to(A\to C)]$$

が得られる．

練習問題　適当な演繹を見つけて次を導け．

5.　$\vdash(A\to(B\to C))\to(A\wedge B\to C)$

6.　$\vdash(A\wedge B\to C)\to(A\to(B\to C))$

7.　$\vdash(A\to B)\to((B\to C)\to(A\to C))$

1.4　演繹に関する諸規則　一般に演繹を記述することは なかなか めんどうである．そこでいくつかの（演繹定理のような）補助的な推論の規則をあらかじめ証明しておいてそれらを利用するのが得策である． これを一括して掲載する

	導　入	消　去
$\to$	$\Gamma, A\vdash B$ ならば $\Gamma\vdash A\to B$	$A, A\to B\vdash B$
$\wedge$	$A, B\vdash A\wedge B$	$A\wedge B\vdash A$ $A\wedge B\vdash B$
$\vee$	$A\vdash A\vee B$ $B\vdash A\vee B$	$\left.\begin{array}{l}\Gamma, A\vdash C\\ \Gamma, B\vdash C\end{array}\right\}$ ならば $\Gamma, A\vee B\vdash C$
$\neg$	$\left.\begin{array}{l}\Gamma, A\vdash B\\ \Gamma, A\vdash\neg B\end{array}\right\}$ ならば $\Gamma\vdash\neg A$	$\neg\neg A\vdash A$

たとえば，∨-消去 が成り立つことを示してみよう．これは下の樹形の演繹で与えられる．まず仮定により → 導入（これは演繹定理そのも

のである）を用いて $\Gamma \vdash A \to C$, $\Gamma \vdash B \to C$ がいえる．よって

$$\dfrac{A \vee B \qquad \dfrac{\dfrac{\vdots}{B \to C} \qquad \dfrac{\dfrac{\vdots}{A \to C} \qquad (A \to C) \to [(B \to C) \to (A \vee B \to C)]}{(B \to C) \to (A \vee B \to C)}}{A \vee B \to C}}{C}$$

練習問題 8. 残りの規則を証明せよ．

これらの規則を利用して基本的な形式的定理を導こう．$A \leftrightarrow B$ は $(A \to B) \wedge (B \to A)$ の略記法である．

（1） $\vdash (A \to B) \leftrightarrow (\neg B \to \neg A)$

1. $A \to B, \neg B, A \vdash B$ （→消去）
2. $A \to B, \neg B, A \vdash \neg B$
3. $A \to B, \neg B \vdash \neg A$ （$\neg$ 導入）
4. $A \to B \vdash \neg B \to \neg A$ （→導入）
5. $\vdash (A \to B) \to (\neg B \to \neg A)$ （→導入）
6. $\neg B \to \neg A, A, \neg B \vdash A$
7. $\neg B \to \neg A, A, \neg B \vdash \neg A$ （→消去）
8. $\neg B \to \neg A, A \vdash \neg\neg B$ （$\neg$ 導入）
9. $\neg B \to \neg A, A \vdash B$ （$\neg$ 消去）
10. $\neg B \to \neg A \vdash A \to B$ （→導入）
11. $\vdash (\neg B \to \neg A) \to (A \to B)$ （→導入）
12. $\vdash (A \to B) \leftrightarrow (\neg B \to \neg A)$ （5, 11 と $\wedge$ 導入）

（2） $\vdash \neg A \to (A \to B)$

1. $\neg A, A, \neg B \vdash A$
2. $\neg A, A, \neg B \vdash \neg A$
3. $\neg A, A \vdash \neg\neg B \vdash B$ （$\neg$導入と$\neg$消去）
4. $\neg A \vdash A \to B$ （→導入）
5. $\vdash \neg A \to (A \to B)$ （→導入）

（3） $\vdash A \vee \neg A$

1. $\neg(A \vee \neg A), A \vdash A \vee \neg A$ （$\vee$導入）
2. $\neg(A \vee \neg A), A \vdash \neg(A \vee \neg A)$
3. $\neg(A \vee \neg A) \vdash \neg A$ （$\neg$ 導入）

4. $\neg(A\vee\neg A), \neg A\vdash A\vee\neg A$ （∨導入）
5. $\neg(A\vee\neg A), \neg A\vdash\neg(A\vee\neg A)$
6. $\neg(A\vee\neg A)\vdash\neg\neg A$ （¬導入）
7. $\vdash\neg\neg(A\vee\neg A)$ （3, 6 と¬導入）
8. $\vdash A\vee\neg A$ （¬消去）

（4） $\vdash(A\to B)\leftrightarrow(\neg A\vee B)$

1. $A\to B,\ A\vdash B\vdash\neg A\vee B$ （→消去と∨導入）
2. $A\to B, \neg A\vdash\neg A\vdash\neg A\vee B$ （∨導入）
3. $A\to B,\ A\vee\neg A\vdash\neg A\vee B$ （∨消去）
4. $A\to B\vdash\neg A\vee B$ （(3) による）
5. $\vdash(A\to B)\to(\neg A\vee B)$ （→導入）
6. $\neg A, A\vdash B$ （(2) による）
7. $\neg A\vdash A\to B$ （→導入）
8. $B, A\vdash B$
9. $B\vdash A\to B$ （→導入）
10. $\neg A\vee B\vdash A\to B$ （7, 9 と∨消去）
11. $\vdash(\neg A\vee B)\to(A\to B)$ （→導入）
12. $\vdash(A\to B)\leftrightarrow(\neg A\vee B)$ （5, 12 と∧導入）

このようにして，いろいろな論理式が形式的定理であることを示すことができる．

練習問題 9. $\vdash(A\to B)\to(A\vee C\to B\vee C)$

10. $\vdash(A\to\neg B)\to(B\to\neg A)$

11. $\vdash\neg(A\vee B)\leftrightarrow(\neg A\wedge\neg B)$

12. $\vdash\neg(A\wedge B)\leftrightarrow(\neg A\vee\neg B)$

(11, 12 は**ド・モルガンの法則**とよばれる．)

1.5 真理値 今度は論理式の解釈を考察しよう．→，∧，∨，¬ はそれぞれ‘ならば’，‘そして’，‘あるいは’，‘でない’と解釈し，論理式の真偽を考える．各命題文字は真または偽なる値をとる変数であると解釈する．都合上，真を 1 で偽を 0 で表わすことにする．上の解釈に従って →，∧，∨，¬ に対する真理値を次の表によって定義する．これらはすでに高等学校の数学で学ばれたと思う．

$\mathfrak{A}$	$\mathfrak{B}$	$\mathfrak{A}\to\mathfrak{B}$
1	1	1
1	0	0
0	1	1
0	0	1

$\mathfrak{A}$	$\mathfrak{B}$	$\mathfrak{A}\wedge\mathfrak{B}$
1	1	1
1	0	0
0	1	0
0	0	0

$\mathfrak{A}$	$\mathfrak{B}$	$\mathfrak{A}\vee\mathfrak{B}$
1	1	1
1	0	1
0	1	1
0	0	0

$\mathfrak{A}$	$\neg\mathfrak{A}$
1	0
0	1

$\to$に対する真理値は日常用いられている'ならば'の意味と異質な面もあるが，数学においてはいつもこの意味に，すなわち$\mathfrak{A}\to\mathfrak{B}$を$\neg\mathfrak{A}\vee\mathfrak{B}$とみた意味に用いている．われわれはすでに$\vdash(\mathfrak{A}\to\mathfrak{B})\leftrightarrow(\neg\mathfrak{A}\vee\mathfrak{B})$を証明したから((1)～(8)を信じるならば)それほど奇妙には思わないであろう．複雑な論理式の真理値表は上記の表を組合せて得られる．

論理式 A が命題文字 $\mathfrak{A}_1,\cdots,\mathfrak{A}_n$ **のみ**から構成されているとき，A は $\mathfrak{A}_1,\cdots,\mathfrak{A}_n$ **における**論理式であるという．たとえば，$\mathfrak{A}\to(\mathfrak{B}\to\mathfrak{A})$ は $\mathfrak{A}$，$\mathfrak{B}$ における論理式であり，同時にそれは $\mathfrak{A}$，$\mathfrak{B}$，$\mathfrak{C}$ における論理式である．後者のように余分なものを許すという考えは有用である．

例 4 $F=(\mathfrak{A}\to\mathfrak{C})\to[\underbrace{(\mathfrak{B}\to\mathfrak{C})}_{G}\to\underbrace{(\mathfrak{A}\vee\mathfrak{B}\to\mathfrak{C})}_{H}]$ の真理値表は

$\mathfrak{A}$	$\mathfrak{B}$	$\mathfrak{C}$	$\mathfrak{A}\to\mathfrak{C}$	$\mathfrak{B}\to\mathfrak{C}$	$\mathfrak{A}\vee\mathfrak{B}$	$\mathfrak{A}\vee\mathfrak{B}\to\mathfrak{C}$	$G\to H$	F
1	1	1	1	1	1	1	1	1
1	1	0	0	0	1	0	1	1
1	0	1	1	1	1	1	1	1
1	0	0	0	1	1	0	0	1
0	1	1	1	1	1	1	1	1
0	1	0	1	0	1	0	1	1
0	0	1	1	1	0	1	1	1
0	0	0	1	1	0	1	1	1

二つの縦線の中間の部分は補助的なもので両側が求めるものである．'二つの真理値表が同じである'というときは中間部を無視して両側の部分が等しいことを意味する．またたとえば，$\mathfrak{A}\to\mathfrak{C}$ の欄はこれを $\mathfrak{A}$，$\mathfrak{B}$，$\mathfrak{C}$ における論理式と考えたときの真理値表である．

例 5 $\mathfrak{A}\wedge\neg\mathfrak{A}$ の真理値表

$\mathfrak{A}$	$\neg\mathfrak{A}$	$\mathfrak{A}\wedge\neg\mathfrak{A}$
1	0	0
0	1	0

注意　A, B, C が論理式を表わすとき，論理式

$$D=(A \to C) \to [(B \to C) \to (A \vee B \to C)]$$

の真理値は例 4 において $\mathfrak{A}, \mathfrak{B}, \mathfrak{C}$ をそれぞれ A, B, C でおきかえたものとして与えてよい．なぜなら，A, B, C がどんな命題文字から組立てられていても，ともかく真理値は 1 か 0 であるので，あたかも A, B, C が 0, 1 をとる変数であるごとくにふるまうからである．よって以下では，命題文字の代りに論理式を表わす超記号を使って議論することにする．

練習問題　次の各論理式の真理値表を作れ．

13.　$A \vee (B \wedge C)$

14.　$(A \vee B) \wedge (A \vee C)$

13 と 14 の真理値表はまったく相等しい．このようなとき二つの論理式 13, 14 は**恒等的に等しい**という．また，例 4 の論理式 $\boldsymbol{F}$ の真理値は常に 1 である．このような論理式は**トートロジー**である，または**恒真**であるとよばれる．例 5 の論理式の真理値は常に 0 である．このような論理式は**恒偽**であるといわれる．次の補題は明らかであろう．

補題 3.　A がトートロジーならば $\neg A$ は恒偽であり，したがって $\neg A$ はトートロジーでない．

1.6　無矛盾性　さて，今度はこの解釈を用いて命題論理 $\boldsymbol{P}$ の無矛盾性を証明しよう．

定義　体系 $\boldsymbol{P}$ はもし $\vdash A$ かつ $\vdash \neg A$ なる論理式 A があれば**矛盾的**であるという．そうでないとき**無矛盾**であるという．

われわれは $\boldsymbol{P}$ が無矛盾であることを望む．実際そうであることを示そう．

無矛盾性定理　A を $\boldsymbol{P}$ の論理式とする．もし $\vdash A$ ならば，A は**トートロジー**である．

この定理の証明のために二つの補題を導こう．

補題 4.　A が公理ならば A はトートロジーである．

証明：　例 4 で一つの例を示した．残りのものの証明は練習問題として読者にまかせることにする．

補題 5. 推論法則の二つの前提 A, $A \to B$ がトートロジーならば，その直接結果である B もトートロジーである．

証明： $A \to B$ の真理値表を調べることによって，A と $A \to B$ とがともに 1 であれば必ず B が 1 であることがわかる．A, $A \to B$ がトートロジーだからそこだけ見ればよい．

定理の証明：$\vdash A$ とせよ．A の形式的証明

$$A_1, A_2, \cdots, A_l, \quad A_l = A$$

が存在する．その長さ l についての帰納法による．

基礎 $l = 1$. A は公理である．よって補題 4 により A はトートロジーである．

帰納の段階．$l > 1$ とし，帰納法の仮定として，長さ $<l$ の形式的証明をもつ論理式はトートロジーであると仮定する．本質的な場合は A が $\boldsymbol{i,j} < k$ なる A_i, A_j からの直接結果である場合である．補題 2 によって $A_1, \cdots, A_i$ と $A_1, \cdots, A_j$ はそれぞれ A_i, A_j の形式的証明であり長さ i, j が l より小さいものである．よって帰納法の仮定により A_i, A_j はトートロジーである．したがって補題 5 により A はトートロジーである．

系 1. $\boldsymbol{P}$ は無矛盾である．

証明： もし，$\vdash A$ かつ $\vdash \neg A$ なる論理式 A があれば，定理によって A も $\neg A$ もトートロジーである．しかしこれは補題 3 に反する．

注意 この際，われわれは ‘$\boldsymbol{P}$ とその解釈についてのわれわれの議論がまったく矛盾なく合理的に行なわれている’ という前提に立っている．すなわち，$\boldsymbol{P}$ を取り扱う超理論は安全であるという確信にもとづいている．これはしかし証明することができないが，有限の対象を取り扱いまったく確実と思われる 0 と 1 との有限算術のみを使用しているのであるから，われわれの議論はまったく安全であると考えるのである（**有限の立場**による証明である）．

系 2. $\vdash A \leftrightarrow B$ ならば，A と B は恒等的に等しい．

証明： $\leftrightarrow$ の真理値表を作ってみれば明らかである．

例 6 $\mathfrak{A} \wedge \mathfrak{B}$ と $(\mathfrak{A} \wedge \mathfrak{B} \wedge \mathfrak{C}) \vee (\mathfrak{A} \wedge \mathfrak{B} \wedge \neg \mathfrak{C})$ を $\mathfrak{A}$, $\mathfrak{B}$, $\mathfrak{C}$ における論理式として真理値表を作ると，両者がまったく等しいことがわかるであ

ろう．実際われわれは

$$(☆) \qquad \vdash (\mathfrak{A} \wedge \mathfrak{B}) \leftrightarrow (\mathfrak{A} \wedge \mathfrak{B} \wedge \mathfrak{C}) \vee (\mathfrak{A} \wedge \mathfrak{B} \wedge \neg \mathfrak{C})$$

であることを示すことができる．

1.7 完全性 ところで，一般に論理式 A が形式的定理であるかどうかを調べるよりも，A の真理値表を作るほうが容易であるといえる．よって無矛盾性定理の逆がいえれば，形式的定理であることをいうのにめんどうな計算をせずに真理値表の作成だけでわかってしまうから大変便利である．無矛盾性定理の逆は‘$\boldsymbol{P}$ において，望ましいすべての論理式を導くことができるか’という問の肯定的解答である．これは完全性定理とよばれる．

定義 $\boldsymbol{P}$ において，ある性質をもつすべての論理式が形式的定理であれば，$\boldsymbol{P}$ はその性質に関し**完全**であるという．トートロジーに関し完全であることを単に完全であるという．

完全性定理 命題論理 $\boldsymbol{P}$ は完全である．すなわち，論理式 A がトートロジーならば，$\vdash A$ である．

先の無矛盾性定理とこの完全性定理を合わせると次の定理が得られる：

無矛盾完全性定理 A を命題論理 $\boldsymbol{P}$ の任意の論理式とする．A が形式的証明可能であるための必要十分条件は A がトートロジーであることである：

$$\vdash A \iff A \text{ はトートロジー}$$

これによって，任意に与えられた論理式が形式的定理であるかどうかを知るにはその論理式の真理値表を作ってみればよい．1 だけから成っていれば形式的定理であり，一つでも 0 が現われれば形式的定理ではないということになる．

系 $\vdash A \leftrightarrow B \iff A$ と B は恒等的に等しい．

たとえば練習問題 10 で，$(A \rightarrow \neg B) \rightarrow (B \rightarrow \neg A)$ の真理値表を作ることは容易である．そしてこれがトートロジーであることがわかる．ゆえに $\vdash (A \rightarrow \neg B) \rightarrow (B \rightarrow \neg A)$．また，11 で $\neg(A \vee B)$ と $\neg A \wedge \neg B$ の真理値表を作って両者が同じ表になることを確かめることはきわめて

容易である．したがって $\vdash \neg(A \vee B) \leftrightarrow (\neg A \wedge \neg B)$ である．

完全性定理の証明はややめんどうであるが，ついでにここに述べることにしよう．まず，命題文字 $\mathfrak{A}$ と $\mathfrak{A}$ への真理値の一つの指定 t とが与えられたとき，$\mathfrak{A}'$ を

$$\mathfrak{A}' = \begin{cases} \mathfrak{A} & t = 1 \text{ のとき} \\ \neg\mathfrak{A} & t = 0 \text{ のとき} \end{cases}$$

と定義する．正確には $\mathfrak{A}'(t)$ のように書くべきであろうが t を省略することにする．

補題 6. $\mathfrak{A}_1, \cdots, \mathfrak{A}_n$ における論理式 A と，$\mathfrak{A}_1, \cdots, \mathfrak{A}_n$ への真理値の1組の指定 $t_1, \cdots, t_n$ とが与えられている．このとき，その指定に対し

（i） A の真理値が 1 ならば $\mathfrak{A}_1', \cdots, \mathfrak{A}_n' \vdash A$ である．

（ii） A の真理値が 0 ならば $\mathfrak{A}_1', \cdots, \mathfrak{A}_n' \vdash \neg A$ である．

証明: A を構成するのに用いられている論理記号の数を d とする（d は A の**次数**とよばれる）．d についての帰納法で証明する．

基礎．$d = 0$．このとき A はある $\mathfrak{A}_i$ である．

場合 1） $\mathfrak{A}_i$ に $t_i = 1$ が指定されているとき．このとき $\mathfrak{A}_i'$ は $\mathfrak{A}_i$ である．そして明白に $\mathfrak{A}_i \vdash \mathfrak{A}_i$ であるから，もちろん $\mathfrak{A}_1', \cdots, \mathfrak{A}_n' \vdash A$ である．

場合 2） $\mathfrak{A}_i$ に $t_i = 0$ が指定されているとき．この場合 $\mathfrak{A}_i'$ は $\neg\mathfrak{A}_i$ であるから $\neg A$ は $\neg\mathfrak{A}_i$ である．明白に $\neg\mathfrak{A}_i' \vdash \neg\mathfrak{A}_i'$ であるからもちろん $\mathfrak{A}_1', \cdots, \mathfrak{A}_n' \vdash \neg A$.

帰納の段階．A の次数が $d+1$ であるとする．帰納法の仮定は‘次数 $\leqq d$ なる（$\mathfrak{A}_1, \cdots, \mathfrak{A}_n$ における）論理式に対し補題が成立する’である．さて A は $B \to C$, $B \wedge C$, $B \vee C$, $\neg B$ のどれか一つの形をもっている．ここに B, C はどちらも次数が $\leqq d$ である．ここでは第1の場合，すなわち A が $B \to C$ なる形をもつ場合のみを取り扱う．

B, C は $\mathfrak{A}_1, \cdots, \mathfrak{A}_n$ における論理式であるから，これらの命題文字への真理値指定 $t_1, \cdots, t_n$ に対し B, C もそれぞれ真理値がきまる．その値は $(1, 1)$, $(1, 0)$, $(0, 1)$, $(0, 0)$ の4通りある．

場合 1） B, C ともに値1をとるとき．そのとき A すなわち $B \to C$ は値1をとるから (i) を導くのである．帰納法の仮定によって

$$\mathfrak{A}_1', \cdots, \mathfrak{A}_n' \vdash B \quad \text{かつ} \quad \mathfrak{A}_1', \cdots, \mathfrak{A}_n' \vdash C$$

である．一方 $B, C \vdash B \to C$ なることが容易にわかるから，上の二つの演繹から

$$\mathfrak{A}_1', \cdots, \mathfrak{A}_n' \vdash B \to C$$

が得られる．

場合 2) B が値 1 を，C が値 0 をとる場合．$A = B \to C$ は値 0 をとるから (ii) を証明することになる．帰納法の仮定から

$$\mathfrak{A}_1', \cdots, \mathfrak{A}_n \vdash B \text{ かつ } \mathfrak{A}_1', \cdots, \mathfrak{A}_n' \vdash \neg C$$

ところで $B, \neg C \vdash \neg(B \to C)$ なることが容易に示されるから，これらの事実によって

$$\mathfrak{A}_1', \cdots, \mathfrak{A}_n' \vdash \neg(B \to C)$$

である．

場合 3) B が値 0 を，C が値 1 をとるとき，A は値 1 をとるから (i) を示す．これは $\neg B, C \vdash B \to C$ から導かれる．

場合 4) B, C ともに値 0 をとるとき，A は値 1 をとる．$\neg B, \neg C \vdash B \to C$ から (i) が示される．

これで帰納過程が完結され，したがって補題 6 が証明された．

練習問題 15. 補題 6 の証明で省略した部分を補って証明を完成させよ．

補題 7. A は命題文字 $\mathfrak{A}_1, \cdots, \mathfrak{A}_n$ における論理式であるとする．$\mathfrak{A}_1, \cdots, \mathfrak{A}_n$ へのどんな真理値の指定 $t_1, \cdots, t_n$ に対しても常に $\mathfrak{A}_1', \cdots, \mathfrak{A}_n' \vdash A$ となるならば，A は形式的証明可能である: $\vdash A$.

証明: 簡単のため $n = 2$ の場合で例証する．したがって A は $\mathfrak{A}_1$, $\mathfrak{A}_2$ における論理式で，$\mathfrak{A}_1$, $\mathfrak{A}_2$ への $2^n = 2^2 = 4$ 通りの真理値の与え方の組のどれに対しても A は値 1 をとるわけである．そして仮定により

$\mathfrak{A}_1$	$\mathfrak{A}_2$		
1	1	$\mathfrak{A}_1, \mathfrak{A}_2 \vdash A$	(1)
1	0	$\mathfrak{A}_1, \neg\mathfrak{A}_2 \vdash A$	(2)
0	1	$\neg\mathfrak{A}_1, \mathfrak{A}_2 \vdash A$	(3)
0	0	$\neg\mathfrak{A}_1, \neg\mathfrak{A}_2 \vdash A$	(4)

が成り立つ．

(1) と (2) から ∨-消去により　$\mathfrak{A}_1, \mathfrak{A}_2 \vee \neg \mathfrak{A}_2 \vdash A$

(3) と (4) から ∨-消去により　$\neg \mathfrak{A}_1, \mathfrak{A}_2 \vee \neg \mathfrak{A}_2 \vdash A.$

126 ページの (3) によって $\vdash \mathfrak{A}_2 \vee \neg \mathfrak{A}_2$ であるから

$$\mathfrak{A}_1 \vdash A, \qquad \neg \mathfrak{A}_1 \vdash A$$

が得られる．再び ∨-消去と 126 ページの (3) を用いると $\vdash A$ が得られる．

完全性定理の証明: A が $\mathfrak{A}_1, \cdots, \mathfrak{A}_n$ における論理式で，かつトートロジーであるとする．そのとき $\mathfrak{A}_1, \cdots, \mathfrak{A}_n$ にどんな真理値を与えても A の値は 1 である．よって補題 6 から 2^n 個の対応する $\mathfrak{A}_1', \cdots, \mathfrak{A}_n'$ の組に対し必ず

$$\mathfrak{A}_1', \cdots, \mathfrak{A}_n' \vdash A$$

である．したがって，補題 7 によって $\vdash A$ である．

1.8　他の定式化　上の結果を使えば（第 1 のものは既知である）

(a)　$(A \vee A) \leftrightarrow (\neg A \to B)$

(b)　$(A \wedge B) \leftrightarrow \neg (A \to \neg B)$

が形式的定理であることがわかる．よって ∨ と ∧ はそれぞれ (a), (b) の右辺の式で与えられるものの省略記号であると考えれば，命題論理の体系を論理記号が → と ¬ だけである言語の上で展開することができる．この場合，公理図式は次の三つでよい．

(i)　$A \to (B \to A)$

(ii)　$(A \to (B \to C)) \to ((A \to B) \to (B \to C))$

(iii)　$(\neg A \to \neg B) \to (B \to A).$

推論法則は $\boldsymbol{P}$ のものと同じとする．この体系を $\boldsymbol{P}'$ とおく．$\boldsymbol{P}'$ での形式的証明可能性などは前と同様に定義される．$\boldsymbol{P}'$ で形式的証明可能なることを $\vdash_{\boldsymbol{P}'}$ と書き，$\boldsymbol{P}$ で形式的証明可能なることを $\vdash_{\boldsymbol{P}}$ と書くことにする．そのとき次の定理が成り立つ:

定理　$\boldsymbol{P}$ と $\boldsymbol{P}'$ は同等である．換言すれば: $\boldsymbol{P}$ の任意の論理式 A に対し，その中に現われる ∨，∧ を (a), (b) によって →，¬で表わし A を →，¬ のみの論理式 A' に書き換える．このとき

$$\vdash A_{\boldsymbol{P}} \Longleftrightarrow \vdash_{\boldsymbol{P}'} A'.$$

逆に $\boldsymbol{P}'$ の任意の論理式 B に対し

$$\vdash_{\boldsymbol{P}'} B \iff \vdash_{\boldsymbol{P}} B.$$

実は公理図式をただ1個にすることができる．しかしそれはやや長いので省略することにする．

さらに，別な種類の論理記号を用いると，論理記号がただ一つの命題論理の体系 $\boldsymbol{P}''$ を作ることができる．もちろんそれは上に述べたような意味で $\boldsymbol{P}$ と同等である．

$\boldsymbol{P}''$ の論理記号は｜（シェファーの棒）

公理図式は

$$[A|(B|C)]|[\{D|(D|D)\}|\{(E|B)|[(A|E)|(A|E)]\}]$$

推論法則は

$$\frac{A \quad A|(B|C)}{C}$$

ここで A, B, C, D, E は命題文字から｜を使って構成された任意の論理式である．

$A|B$ は $\neg A \vee \neg B$ を意図して作られている．したがって，$A|A$ が $\neg A$ を表わすわけである．

練習問題 16. $A \to B$, $A \wedge B$, $A \vee B$ をシェファーの棒によって表示せよ．

以上のようにして命題論理が展開されたが，述語論理をこのように詳細に議論することは相当めんどうである．本文第2章ではこれが適当に説明されているわけであるが，もし数理論理学に興味をもつならば，一度はこのいやなトンネルを通過しなければならない．これについてすでに若干の邦書が現われているからそれらによって，または外書によって学ばれることをおすすめする．

梅沢 [3] は今述べてきた訳者の記事に近い形で述語論理を取り扱っている．そして完全性定理の証明は一層一般な言語の上での述語論理に適応するようになされている．選択公理が使用されているが，それは非可算言語を含めて論じられているからである．本原書では可算言語を取り扱っているから完全性定理の証明が選択公理なしに実行できたのである．

前原 [13]，[14]，松本 [15] は異なる方法——いわゆる**ゲンチェン型**とよばれる方式——によっている．これに対し前者を**ヒルベルト型**方式という．ゲンチェン型の体系は 無矛盾性 そのものの 証明の際有効である．無矛盾性はいわゆる有限の立場という基礎に立って証明が行なわれるもので，このような数学を**超数学**とか**証明論**とかよんでいる．本書ではこれについては全然触れてない．77 ページで，形式的算術体系が無矛盾であることを直観的に語っているが，そんなものは無矛盾性の証明にならない．しかし この解説でも省略する．それは この方面の好著：竹内・八杉 [6] があるからである．なお証明論の世界的第一人者，竹内外史氏の本格的な著書 [29] が最近刊行された．

第 2 章に関する英文の書物では，本文で引用された文献のほかにもいろいろあるがそれらの中から Kleene[23] だけをあげておく．この本には超数学がていねいに語られているのみならず，第 4, 5 章の参考書としても第 1 級の書である．上述の命題論理の解説はこの本に従って書いたものである．

§ 2. モデル理論

モデル理論とは何かについてすでに本文第 3 章で要領よく語られた．研究の糸口はスコーレムやゲーデルにさかのぼるが，本格的な研究が始まったのはようやく 1950 年代である．本文第 3 章では古典的な二つの結果，すなわちコンパクト性定理とレーヴェンハイム - スコーレムの定理を材料にとりモデル理論を説明している．そこでこの解説では，もう少しその先の部分を わずかではあるが 紹介することに しよう．内容は §1 より少しむずかしいかもしれない．モデル理論の深い結果の多くはモデルを構成することにもとづいているから，モデル構成の方法——ここでは二つの方法だけを取り上げるが——を中心に述べたいと思う．節末にレーヴェンハイム - スコーレム - タルスキーの定理の証明をつけ加えておいた．本文の補足として役立てば幸いである．

2.1 言語と構造 本文第 2, 3 章で述べられたものであるがここに再述する．

言語 $\mathcal{L}$:

1°) 論理記号 $\rightarrow$, $\wedge$, $\vee$, $\neg$, $\forall$, $\exists$

2°) 個体変数 $v_0, v_1, v_2, \cdots$

3°) 関数記号 f, … （たとえば f は 2 変数とする）

4°) 関係記号 P, … (たとえば P は2変数とする)

5°) 定数記号 c, …

6°) 特殊記号 括弧 (,)

7°) 項の定義. (1) 各変数と c, … は項である, (2) t_1, t_2 が項ならば, $f(t_1, t_2)$, … は項である, (3) 以上によって与えられたもののみが項である.

8°) 論理式の定義. t_1, t_2 が項のとき $P(t_1, t_2)$, … は論理式である. これを**基本**(または**原始**)**論理式**という. 以下 §1 あるいは本文第2章におけるようにして論理式を定義する. 自由変数 (すなわち ∀ や ∃ で束縛されない変数) を含まない論理式を**文**という.

$\mathcal{L}$ の主要部分をとって

$$\mathcal{L} = \langle \mathrm{f}, \cdots, \mathrm{P}, \cdots, \mathrm{c}, \cdots \rangle$$

と表わす. $\mathcal{L}$ に対する**構造**とは

$$\mathcal{A} = \langle A, f, \cdots, P, \cdots, c, \cdots \rangle$$

なる形の $\mathcal{A}$ のことである; ここに A は $\mathcal{A}$ の**領域**とよばれる空でない集合で $|\mathcal{A}|$ と書かれることもある, f は $A \times A$ から A の中への関数である等々, P は A 上の2項関係, すなわち $P \subseteq A \times A$ である等々, また c, … は A の要素である.

例 1 $\mathcal{N} = \langle \omega, +, \times, <, 0, 1 \rangle$ は $\mathcal{L} = \langle \mathrm{f}, \mathrm{g}, \mathrm{P}, \mathrm{c}, \mathrm{d} \rangle$ に対する一つの構造である. ここに g も2変数関数記号で, ω はすべての自然数の集合である.

$\mathcal{L}$ の論理式を $\mathcal{A}$ で解釈する際, 論理記号は普通の意味に解釈し, またもし $\mathcal{L}$ が等号記号を含むならそれは普通の '等しい' 意味に解釈する (正規解釈). W を $\mathcal{L}$ のすべての文の集合とする. T が W の部分集合なら, T は一つの**理論**とよばれる. T の任意の文 φ に対し $\mathcal{A} \models \varphi$ (すなわち φ が $\mathcal{A}$ で真) ならば, $\mathcal{A}$ は T の**モデル**であるという (本文19ページ). $\mathcal{A}$ で真な文全体の集合を $\mathrm{Th}(\mathcal{A})$ で表わす. すなわち

$$\mathrm{Th}(\mathcal{A}) = \{\varphi \in W : \mathcal{A} \models \varphi\}$$

2.2 初等的同値 以下では $\mathcal{A}$, $\mathcal{B}$, $\mathcal{A}_1$, $\mathcal{A}_2$ などは言語 $\mathcal{L}$ に対する構造を表わす. もし $\mathrm{Th}(\mathcal{A}) = \mathrm{Th}(\mathcal{B})$ が成り立つなら, $\mathcal{A}$ と $\mathcal{B}$ は**初等的同値**であるといい $\mathcal{A} \equiv \mathcal{B}$ と書く. 今

$$\mathcal{A}_i = \langle A_i, f_i, \cdots, P_i, \cdots, c_i, \cdots \rangle \qquad i = 1, 2$$

とおく．A_1 から A_2 の上への1対1対応 h が存在して次の条件が成り立つならば，$\mathcal{A}_1$ と $\mathcal{A}_2$ は**同型**であるといい，$\mathcal{A}_1 \cong \mathcal{A}_2$ と書く：

1) $h(c_1) = c_2, \cdots$
2) $x, y \in A_1$ に対し
   $h(f_1(x, y)) = f_2(h(x), h(y)), \cdots$
   xP_1y ならば $h(x)P_2(y), \cdots$

補題 1. $\mathcal{A}_1 \cong \mathcal{A}_2$ ならば $\mathcal{A}_1 \equiv \mathcal{A}_2$ である．

これは明白であろう．またこの逆が成立しないことはすでに本文で見たとおりである（34 ページで知った事実による）．また下の例2もその反例を与える．

次に，$A_1 \subseteq A_2$ であって，$f_1 = f_2 \upharpoonright A_1, \cdots, P_1 = P_2 \cap (A_1 \times A_1), \cdots, c_1 = c_2, \cdots$ であれば，$\mathcal{A}_1$ は $\mathcal{A}_2$ の**部分構造**である，$\mathcal{A}_2$ は $\mathcal{A}_1$ の**拡大構造**であるという．ここで $f_2 \upharpoonright A_1$ は $f_2 \colon A_2 \to A_2$ の定義域を A_1 に制限して得られる関数を表わす．

言語 $\mathcal{L}$ と $\mathcal{L}$ に対する構造 $\mathcal{A}$ とに対し，$\mathcal{L}$ へすべての $a \in A$ に対する新記号 $\bar{a}$ を定数記号として加えた言語を $\mathcal{A}$ の**ダイヤグラム言語**といい $\mathcal{L}^{\mathcal{A}}$ で表わす．そのとき

$$\mathrm{Diag}(\mathcal{A}) = \{\varphi : \varphi \text{ は } \mathcal{L}^{\mathcal{A}} \text{ の文で，} \mathcal{A} \vDash \varphi\}$$

とおく．$\mathrm{Th}(\mathcal{A})$ との相違は，$\mathrm{Diag}(\mathcal{A})$ では新定数記号を含む文が許されるが，$\mathrm{Th}(\mathcal{A})$ ではそうでないという点だけである．

$\mathcal{A}$ が $\mathcal{B}$ の部分構造で，$\mathrm{Diag}(\mathcal{A})$ に属する任意の文が $\mathcal{B}$ で真ならば，$\mathcal{A}$ は $\mathcal{B}$ の**初等的部分構造**である，$\mathcal{B}$ は $\mathcal{A}$ の**初等的拡大構造**であるという．このとき $\mathcal{A} \prec \mathcal{B}$ と書く．正確に述べよう：φ を $\mathcal{L}$ の任意の論理式とし，φ の中に含まれる全自由変数が $\mathrm{x}_1, \cdots, \mathrm{x}_n$ であるとする．φ の代りに $\varphi(\mathrm{x}_1, \cdots, \mathrm{x}_n)$ と書く．そのとき，任意の $a_1, \cdots, a_n \in A$ に対し

$$(1) \qquad \mathcal{A} \vDash \varphi(\bar{a}_1, \cdots, \bar{a}_n) \iff \mathcal{B} \vDash \varphi(\bar{a}_1, \cdots, \bar{a}_n)$$

が成り立つということである．

本文第2章でも用いたように，一般に $\varphi(\mathrm{x}_1, \cdots, \mathrm{x}_n)$ において自由変数 $\mathrm{x}_1, \cdots, \mathrm{x}_n$ を構造の要素 $a_1, \cdots, a_n$ で解釈するとき，$\varphi[a_1, \cdots, a_n]$ と

書く（$\exists y\psi[a_1, \cdots, a_n, y]$ のような使い方も許すことにする）．そうすると上の (1) は

$$\mathcal{A} \models \varphi[a_1, \cdots, a_n] \iff \mathcal{B} \models \varphi[a_1, \cdots, a_n]$$

と書ける．今後はこの記法を用いるであろう．

補題 2. $\mathcal{A} \prec \mathcal{B}$ ならば $\mathcal{A} \equiv \mathcal{B}$ である．

証明：φ を $\mathcal{L}$ の任意の文とする．φ は $\mathcal{L}^{\mathcal{A}}$ の文でもあるから仮定 $\mathcal{A} \prec \mathcal{B}$ によって，$\mathcal{A} \models \varphi$ なら $\mathcal{B} \models \varphi$ である．逆に $\mathcal{B} \models \varphi$ とせよ．もし $\mathcal{A} \models \varphi$ でなければ，$\mathcal{A} \models \neg\varphi$ であるから，今証明したことから $\mathcal{B} \models \neg\varphi$ となる．しかしこれは不合理．ゆえに $\mathcal{A} \models \varphi$．よって

$$\mathcal{A} \models \varphi \iff \mathcal{B} \models \varphi$$

であることがわかった．

例 2　言語 $\mathcal{L}' = \langle P \rangle$ を考える．$\mathcal{L}'$ に対する構造は $\mathcal{A} = \langle A, P \rangle$ なる形のものである．今，Q を有理数全体の集合，R を実数全体の集合とし，$<$ は実数の間の通常の順序関係とする．このとき

$$\langle Q, < \rangle \prec \langle R, < \rangle \tag{2}$$

である．したがってまた

$$\langle Q, < \rangle \equiv \langle R, < \rangle$$

（これは $\mathcal{A} \equiv \mathcal{B}$ であるが $\mathcal{A} \cong \mathcal{B}$ でない1例を与える．）

(2) の証明：φ を $\mathcal{L}$ の任意の論理式とし，φ の次数（すなわち φ に含まれる論理記号の数）についての帰納法によって証明する．φ が原始論理式である場合と $\psi \to \theta$, $\psi \wedge \theta$, $\psi \vee \theta$, $\neg\psi$ なる形である場合は容易であるから，φ が $\exists v\psi(x_1, \cdots, x_n, v)$ という形をもつ場合を考察する．ただし，$x_1, \cdots, x_n$ は φ の全自由変数である．任意に $a_1, \cdots, a_n \in Q$ をとる．まず $Q \subset R$ であるから

$\langle Q, < \rangle \models \exists v\psi[a_1, \cdots, a_n, v]$ ならば $\langle R, < \rangle \models \exists v\psi[a_1, \cdots, a_n, v]$

であることは明白．この逆を示すために $\langle R, < \rangle \models \exists v\psi[a_1, \cdots, a_n, v]$ と仮定しよう．したがって，ある実数 b に対し

$$\langle R, < \rangle \models \psi[a_1, \cdots, a_n, b]$$

となる．ところで，$a_1 < a_2 < \cdots < a_n$ と仮定してさしつかえない．たとえば，$a_2 < a_1 < a_3 < \cdots < a_n$ なら $\varphi = \exists v\psi(x_1, \cdots, x_n, v)$ の代りに $\varphi'' = \exists v\psi(x_2, x_1, x_3, \cdots, x_n, v)$ を考察して後で φ へもどせばよいか

らである．b が有理数なら明らかに $\langle Q, < \rangle \models \exists \mathrm{v} \psi[a_1, \cdots, a_n, \mathrm{v}]$ であるから何もいうことはない．そこで b は無理数とする．たとえば，$a_i < b < a_{i+1}$ としてみる（$b < a_1$ あるいは $a_n < b$ なる場合も同様に論ずることができる）．$a_i < r < a_{i+1}$ なる有理数 r を一つとって，$h: R \to R$ を次のように定義する：

$$\begin{cases} h(x) = x & x \leqq a_i \text{ または } a_i \leqq x \text{ のとき} \\ h(x) = \dfrac{r - a_i}{b - a_i}(x - a_i) + a_i & a_i \leqq x \leqq b \text{ のとき} \\ h(x) = \dfrac{a_{i+1} - r}{a_{i+1} - b}(x - b) + r & b \leqq x \leqq a_{i+1} \text{ のとき} \end{cases}$$

h は順序同型写像であって，$a_1, \cdots, a_n$ を動かさず b を r へ移すものである．よってもちろん

$$\langle R, < \rangle \models \psi[h(a_1), \cdots, h(a_n), h(b)]$$

すなわち

$$\langle R, < \rangle \models \psi[a_1, \cdots, a_n, r]$$

である．この式の右辺は $\mathcal{L}^{\langle Q, < \rangle}$ の文であり，しかも論理記号の数が φ のそれより一つ少ないから帰納法の仮定が使えて

$$\langle Q, < \rangle \models \psi[a_1, \cdots, a_n, r], \quad \therefore \langle Q, < \rangle \models \exists \mathrm{v} \psi[a_1, \cdots, a_n, \mathrm{v}].$$

ゆえに任意の $a_1, \cdots, a_n \in A$ に対し

$$\langle Q, < \rangle \models \varphi[a_1, \cdots, a_n] \iff \langle R, < \rangle \models \varphi[a_1, \cdots, a_n].$$

これで帰納過程の証明が終って，(2) が示された．

2.3 初等鎖 今，$\mathcal{L}$ に対する構造の超限列

$$(3) \qquad \mathcal{A}_0, \mathcal{A}_1, \mathcal{A}_2, \cdots, \mathcal{A}_\alpha, \cdots \qquad (\alpha < \gamma)$$

が与えられている．ここに γ は一つの順序数である（一般の順序数を考えるのがめんどうならば，$\gamma = \omega$ として以下の議論を読んでいただきたい）．もし常に

$$\alpha < \beta < \gamma \implies \mathcal{A}_\alpha \text{ は } A_\beta \text{ の部分構造である}$$

であれば，(3) は**鎖**であるという．各 $\mathcal{A}_\alpha$ を

$$\mathcal{A}_\alpha = \langle A_\alpha, f_\alpha, \cdots, P_\alpha, \cdots, c, \cdots \rangle$$

とおく．(3) が鎖ならばもちろん

$$A_0 \subseteq A_1 \subseteq A_2 \subseteq \cdots \subseteq A_\alpha \subseteq \cdots \qquad (\alpha < \gamma)$$

であるから

$$f: \bigcup_{\alpha<\gamma} A_\alpha \to \bigcup_{\alpha<\gamma} A_\alpha, \qquad f(x)=f_\alpha(x) \qquad (x\in A_\alpha)$$

なる関数 f が定義される．これを $\bigcup_{\alpha<\gamma} f_\alpha$ と書くことがある．$\bigcup_{\alpha<\gamma} P_\alpha$ についても同様に．そのとき，次の構造 $\mathcal{A}$ を鎖 (3) の和といい $\bigcup_{\alpha<\gamma} \mathcal{A}_\alpha$ と書く：

$$\mathcal{A}=\langle \bigcup_{\alpha<\gamma} A_\alpha, \bigcup_{\alpha<\gamma} f_\alpha, \cdots, \bigcup_{\alpha<\gamma} P_\alpha, \cdots, c, \cdots\rangle.$$

定義　鎖 (3) において常に

$$\alpha<\beta<\gamma \Longrightarrow \mathcal{A}_\alpha \prec \mathcal{A}_\beta$$

が成り立てば，(3) は**初等鎖**であるという．

本節で紹介しようともくろんでいるモデル構成法の最初のものは次の定理で与えられる．

定理（タルスキー－ヴォート）　初等鎖の和は，その鎖の各構造の初等的拡大である．すなわち上の記法を用いると

$$\alpha<\gamma \Longrightarrow \mathcal{A}_\alpha \prec \bigcup_{\beta<\gamma} \mathcal{A}_\beta.$$

証明：$\mathcal{L}$の任意の論理式 $\varphi(\mathrm{x}_1,\cdots,\mathrm{x}_n)$，任意の $\alpha<\gamma$，A_α の任意の要素 $a_1,\cdots,a_n$ に対し

$$(4) \qquad \mathcal{A}_\alpha \models \varphi[a_1,\cdots,a_n] \iff \mathcal{A} \models \varphi[a_1,\cdots,a_n]$$

が成り立つことを示すのである．φ の次数に関する帰納法による．例 2 の議論と同様であり，したがって φ が $\exists \mathrm{v}\psi(\mathrm{x}_1,\cdots,\mathrm{x}_n,\mathrm{v})$ なる形の場合のみを取り扱う．そこで $\mathcal{A}_\alpha \models \exists \mathrm{v}\psi[a_1,\cdots,a_n,\mathrm{v}]$ と仮定せよ．よって，ある $b\in\mathcal{A}_\alpha$ に対し $\mathcal{A}_\alpha \models \psi[a_1,\cdots,a_n,b]$．もちろん $b\in|\mathcal{A}|$ であるからこの式の右辺は $\mathcal{L}^{\mathcal{A}}$ の文であり論理記号が φ より一つ少ないので帰納法の仮定により $\mathcal{A}\models\psi[a_1,\cdots,a_n,b]$，ゆえに $\mathcal{A}\models\exists\mathrm{v}\psi[a_1,\cdots,a_n,\mathrm{v}]$ である．逆に $\mathcal{A}\models\exists\mathrm{v}\psi[a_1,\cdots,a_n,\mathrm{v}]$ と仮定すれば，ある $b\in|\mathcal{A}|$ に対し $\mathcal{A}\models\psi[a_1,\cdots,a_n,b]$．ところで $|\mathcal{A}|$ は A_β たちの和集合だから，ある $\beta<\gamma$ に対し $b\in A_\beta$．α, β の小さくないほうを α' とすると，$a_1,\cdots,a_n,b\in A_{\alpha'}$ であるから，帰納法の仮定を使って $\mathcal{A}_{\alpha'}\models\psi[a_1,\cdots,a_n,b]$，したがって $\mathcal{A}_{\alpha'}\models\exists\mathrm{v}\psi[a_1,\cdots,a_n,\mathrm{v}]$．しかし $\alpha\leqq\alpha'$ であるから $\mathcal{A}_\alpha\prec\mathcal{A}_{\alpha'}$．ゆえに $\mathcal{A}_\alpha\models\exists\mathrm{v}\psi[a_1,\cdots,a_n,\mathrm{v}]$．これで $\varphi=\exists\mathrm{v}\psi$ に対し (4) が証明され，帰納過程が完成された．

タルスキー－ヴォートの定理は大変有用な結果である．ここにはその応用を述べないが，たとえば2基数問題とよばれる問題の解決に役立つ．

2.4 超フィルター 今度は第2の方法へ進もう．そのためいくつかの準備を行なう．I を空でない集合—— 一般には無限集合——とする．I のすべての部分集合の集合を $S(I)$ と書く（本文では $P(I)$ と表わした）

$$S_\omega(I) = \{X \subseteq I : X \text{ は有限集合}\}$$
$$S_{\bar{\omega}}(I) = \{X \subseteq I : I - X \text{ が有限集合}\}$$

とおく．

定義 $D \subseteq S(I)$ とする．D が次の条件 1)，2) をみたすならば，D を I 上の**広義フィルター**という：

1) $X, Y \in D \Longrightarrow X \cap Y \in D.$

2) $X \in D, X \subseteq Y \subseteq I \Longrightarrow Y \in D.$

もし，D が $\emptyset$ を含まなければ $(i, e., \emptyset \notin D)$，$D$ を I 上の**フィルター**という．これは $D \neq S(I)$ と同値である．さらに D が次の条件 3) をみたすならば，D を I 上の**超フィルター**という：

3) 任意の $X \subseteq I$ に対し $X \in D$ か $I - X \in D$ である．

（'I 上の' という語をしばしば省略する．）

補題 1. $G \subsetneq S(I)$ とする．これに対し

$$D = \{X : \text{ある有限個の } Y_1, \cdots, Y_n \in G \text{ に対し } X = Y_1 \cap \cdots \cap Y_n\}$$

とおく．D は G で生成された広義フィルターである．すなわち，D は G を（部分集合として）含む最小の広義フィルターである．

証明：まず D が G を含む広義フィルターであることは容易にチェックできる．そこで $G \subseteq F$ なる任意の広義フィルター F をとる．$D \subseteq F$ を示したい．そのため任意の $X \in D$ をとろう．$X = Y_1 \cap \cdots \cap Y_n$, $Y_i \in G$ と書ける．$Y_i \in F$ であるから広義フィルターの性質 1) により $Y_1 \cap \cdots \cap Y_n \in F$ である．すなわち $X \in F$.

D がフィルターで，$D \subsetneq F$ なるフィルター F が存在しないときは，D は**極大**であるという．極大性は条件 3) と同値になる：

補題 2. D を I 上のフィルターとする．D が超フィルターであるた

めの必要十分条件は D が極大であることである.

証明: 必要性: D を超フィルターとする. もし, $D \subsetneq F$ なるフィルター F (したがって $F \neq S(I)$) があれば, $X \in F - D$ なる X をとると, $X \notin D$ より $I-X \in D \subset F$. よって F は X と $I-X$ とを含むから条件 1) により $\emptyset = X \cap (I-X) \in F$. これは F がフィルターであることに反する. ゆえに D は極大である. 十分性: D を極大フィルターとする. 任意の $X \subseteq I$ をとる. $X \notin D$ と仮定し $I-X \in D$ を導こう. F を $D \cup \{X\}$ によって生成された広義フィルターとする. D の極大性によって $F = S(I)$ でなければならぬ. $\emptyset \in S(I)$ であるから補題 1 によりある有限個の $Y_1, \cdots, Y_n \in D$ が存在して $\emptyset = Y_1 \cap \cdots \cap Y_n \cap X$. よって $Y_1 \cap \cdots \cap Y_n \subseteq I - X$. ところで, $Y_1 \cap \cdots \cap Y_n \in D$ であるから性質 2) によって $I - X \in D$.

超フィルター定理 D を I 上のフィルターとする. D を (部分集合として) 含む超フィルターが存在する.

これは選択公理と同値なゾーン (Zorn) の補題を用いて証明される. 証明は省略する. $G \subset S(I)$ が**有限交叉性**をもつとは, 任意の有限個の $X_1, \cdots, X_n$ に対し

$$X_1, \cdots, X_n \in G \implies X_1 \cap \cdots \cap X_n \neq \emptyset$$

が成り立つことをいう. たとえば $S_{\bar{\omega}}(\omega)$ は有限交叉性をもつ.

系 $G \subset S(I)$ が有限交叉性をもてば, G を含む I 上の超フィルターが存在する.

証明: G はフィルター $D = \{(\cap Z) \cup Y : Z \in S_\omega(G), Y \subseteq I\}$ に含まれるからである. $\cap Z$ は $Z = \{X_1, \cdots, X_n\}$ なるとき $X_1 \cap \cdots \cap X_n$ を表わす.

例 3 $S_{\bar{\omega}}(\omega)$ は有限交叉性をもつから, $S_{\bar{\omega}}(\omega)$ を含む ω 上の超フィルターが存在する. すなわち, 自然数の集合でその補集合が有限であるようなものすべてを含む超フィルター (ω 上の) が存在する.

2.5 超積 I を任意の添数集合とし各 $i \in I$ に対し言語 $\mathcal{L}$ の構造 $\mathcal{A}_i = \langle A_i, f_i, \cdots, P_i, \cdots, c_i, \cdots \rangle$ が対応しているものとする. A_i の直積集合を B とする:

$$B = \prod_{i \in I} A_i \quad (\text{簡単に } \prod_i A_i \text{ または } \Pi A_i \text{ とも書く}).$$

ξ, η, ζ などは B の要素を表わす. ξ の i–座標を $\xi(i)$ で表わす: $\xi(i) \in A_i$ である.

以下では F は I 上の超フィルターとする（単なるフィルターでも成立する事実もあるが, 目的が超積の定義にあるので超フィルターとしておく). B 上の関係 $\sim_F$ を次式によって定義する:

$$\xi \sim_F \eta \implies \{i \in I : \xi(i) = \eta(i)\} \in F.$$

次の補題は基本的である.

補題 3. $\sim_F$ は B 上の同値関係である.

この補題の証明は恰好な練習問題であるから読者にまかせる. $\sim_F$ による ξ の同値類を ξ/F で表わす.

$$\Pi A_i/F = \{\xi/F : \xi \in \Pi A_i\}$$

とおく. フィルターの各要素は I の大きい部分集合であると考えられる. その意味で, I 上の性質 $H(i)$ に対し

$$\{i \in I : H(i)\} \in F$$

ならば $H(i)$ は**ほとんど至るところで**成立するといい

$$H(i) \quad a.e.\,(F)$$

と書くことがある. これによれば $\xi \sim_F \eta$ は

$$\xi(i) = \eta(i) \quad a.e.\,(F)$$

ということになる.

定義 構造の族 $\{\mathcal{A}_i : i \in I\}$ と I 上の超フィルター F とに対し新しく構造

$$\mathcal{B} = \langle B, f_F, \cdots, P_F, \cdots, c_F, \cdots \rangle$$

を次のように定義する:

1) $B = \Pi A_i/F$,

2) $f_F(\xi/F, \eta/F) = \langle f_i(\xi(i), \eta(i)) : i \in I \rangle/F, \cdots$

3) $P_F(\xi/F, \eta/F) \iff P_i(\xi(i), \eta(i)) \quad a.e.\,(F), \cdots$

4) $c_F = \langle c_i : i \in I \rangle/F, \cdots$

このような $\mathcal{B}$ を $\Pi \mathcal{A}_i/F$ と書き, $\mathcal{A}_i$ の**超積**という. 特にすべての $i \in I$ に対し $\mathcal{A}_i = \mathcal{A}$ ならば, あの $\mathcal{B}$ を $\Pi \mathcal{A}/F$ または $\mathcal{A}^I/F$ と

書き $\mathcal{A}$ の超巾という.

上の定義が整合的であることを保証するために, f_F や P_F の定義が同値類 ξ/F, η/F のみに依存し, その代表元 ξ, η のえらび方に関係しないことをいわなければならない. これを次の補題の形で述べよう:

補題 4. $\xi \sim_F \xi'$, $\eta \sim_F \eta'$ ならば

(i) $\langle f_i(\xi(i), \eta(i)) : i \in I \rangle \sim_F \langle f_i(\xi'(i), \eta'(i)) : i \in I \rangle$.

(ii) $P_i(\xi(i), \eta(i))$ $a.e.(F) \Longleftrightarrow P_i(\xi'(i), \eta'(i))$ $a.e.(F)$.

証明は練習問題として読者にまかせることにする.

2.6 基本定理 Łoš によって証明された次の大切な定理を示そう:

超積の基本定理 上述の記号を用いて:

(i) 言語 $\mathcal{L}$ の任意の項 $\mathrm{t}(\mathrm{x}_1, \cdots, \mathrm{x}_n)$ と B の任意の要素 $\xi_1/F, \cdots, \xi_n/F$ に対し

$$\mathrm{t}_{\mathcal{B}}[\xi_1/F, \cdots, \xi_n/F] = \langle \mathrm{t}_{\mathcal{A}_i}[\xi_1(i), \cdots, \xi_n(i)] : i \in I \rangle / F,$$

ここに, $\mathrm{t}_{\mathcal{B}}$ (など) は項 t の $\mathcal{B}$ における解釈の意である.

(ii) $\mathcal{L}$ の任意の論理式 $\varphi(\mathrm{x}_1, \cdots, \mathrm{x}_n)$ と B の任意の要素 $\xi_1/F, \cdots, \xi_n/F$ に対し

$$\mathcal{B} \models \varphi[\xi_1/F, \cdots, \xi_n/F] \Longleftrightarrow \mathcal{A}_i \models \varphi[\xi_1(i), \cdots, \xi_n(i)] \ a.e.(F).$$

(iii) $\mathcal{L}$ の任意の文 φ に対し

$$\mathcal{B} \models \varphi \Longleftrightarrow \mathcal{A}_i \models \varphi \quad a.e.(F).$$

証明: (iii) は (ii) から直ちに従う.

(i) 項 t の構成に関する帰納法——すなわち t の構成に用いられた関数記号の個数に関する帰納法による. $\mathrm{t}(\mathrm{x}_1, \cdots, \mathrm{x}_n) = \mathrm{f}(\mathrm{t}_1(\mathrm{x}_1, \cdots, \mathrm{x}_n), \mathrm{t}_2(\mathrm{x}_1, \cdots, \mathrm{x}_n))$ としよう. t_1, t_2 についてはすでに (i) が成り立つと仮定する (帰納法の仮定). これに対し

$$t_{\mathcal{B}}[\xi_1/F, \cdots, \xi_n/F] = f_F(\mathrm{t}_{1\mathcal{B}}[\xi_1/F, \cdots, \xi_n/F], \mathrm{t}_{2\mathcal{B}}[\xi_1/F, \cdots, \xi_n/F])$$

である.

$$\eta_k = \langle \mathrm{t}_{k\mathcal{A}_i}[\xi_1(i), \cdots, \xi_n(i)] : i \in I \rangle \qquad (k = 1, 2)$$

とおけば帰納法の仮定により

$$\mathrm{t}_{k\mathcal{B}}[\xi_1/F, \cdots, \xi_n/F] = \eta_k/F \qquad (k = 1, 2)$$

である. 一方, t を $\mathcal{A}_i$ で解釈すると

$$\mathrm{t}_{\mathcal{A}_i}[\xi_1(i), \cdots, \xi_n(i)] = f_i(\mathrm{t}_{1\mathcal{A}_i}[\xi_1(i), \cdots, \xi_n(i)], t_{2\mathcal{A}_i}[\xi_1(i), \cdots, \xi_n(i)])$$
$$= f_i(\eta_1(i), \eta_2(i))$$

であるからこれを組合せて

$$\mathrm{t}_{\mathcal{B}}[\xi_1/F, \cdots, \xi_n/F] = f_F(\eta_1/F, \eta_2/F)$$
$$= \langle f_i(\eta_1(i), \eta_2(i)) : i \in I\rangle/F$$
$$= \langle \mathrm{t}_{\mathcal{A}_i}[\xi_1(i), \cdots, \xi_n(i)] : i \in I\rangle/F$$

これは (i) を証明した.

(ii) 論理式 φ の次数に関する帰納法による. φ が原始論理式の場合は $\varphi(\mathrm{x}_1, \cdots, \mathrm{x}_n) = \mathrm{P}(\mathrm{t}_1(\mathrm{x}_1, \cdots, \mathrm{x}_n), \mathrm{t}_2(\mathrm{x}_1, \cdots, \mathrm{x}_n))$ という形であるから (i) を用いて (i) におけると同様な論法で証明される. $\psi \vee \theta$ は $\neg(\neg\psi \wedge \neg\theta)$ と, $\psi \to \theta$ は $\neg(\psi \wedge \neg\theta)$ と考えればよいから $\varphi = \psi \wedge \theta$, $\varphi = \neg\psi$ および $\varphi = \exists \mathrm{v}\psi$ なる三つの場合を考えよう ($\forall$ は $\neg\exists\neg$ でよい). $\varphi = \psi \wedge \theta$ の場合

$\mathcal{B} \models \varphi[\xi_1/F, \cdots, \xi_n/F]$

$\Longleftrightarrow$ $\mathcal{B} \models \psi[\xi_1/F, \cdots, \xi_n/F]$ かつ $\mathcal{B} \models \theta[\xi_1/F, \cdots, \xi_n/F]$

$\Longleftrightarrow$ $\{i \in I : \mathcal{A}_i \models \psi[\xi_1(i), \cdots, \xi_n(i)]\} \in F$
かつ $\{i \in I : \mathcal{A}_i \models \theta[\xi_1(i), \cdots, \xi_n(i)]\} \in F$
(帰納法の仮定による)

$\overset{(*)}{\Longleftrightarrow}$ $\{i \in I : \mathcal{A}_i \models \psi[\xi_1(i), \cdots, \xi_n(i)]\} \cap$
$\{i \in I : \mathcal{A}_i \models \theta[\xi_1(i), \cdots, \xi_n(i)]\} \in F$

$\Longleftrightarrow$ $\{i \in I : \mathcal{A}_i \models \psi[\xi_1(i), \cdots, \xi_n(i)] \wedge \theta[\xi_1(i), \cdots, \xi_n(i)]\} \in F$

$\Longleftrightarrow$ $\mathcal{A}_i \models \varphi[\xi_1(i), \cdots, \xi_n(i)]$ $a.e.(F)$

(*) の証明: '$X \in F$ かつ $Y \in F \Longleftrightarrow X \cap Y \in F$' なることがわかればよい. $\Longrightarrow$ はフィルターの定義から明らか. $\Longleftarrow$ を示すために $X \notin F$ または $Y \notin F$ とせよ. どちらの場合でも同様だから $X \notin F$ としよう. F は超フィルターであるから $I - X \in F$. しかし $I - X \subseteq I - (X \cap Y)$ であるので $I - (X \cap Y) \in F$. $F \neq S(I)$ より $X \cap Y \notin F$.

$\varphi = \neg\psi$ の場合.

$\mathcal{B} \models \varphi[\xi_1/F, \cdots, \xi_n/F]$

$\Longleftrightarrow$ '$\mathcal{B} \models \psi[\xi_1/F, \cdots, \xi_n/F]$' でない

$\Longleftrightarrow$ $\{i \in I : \mathcal{A}_i \models \psi[\xi_1(i), \cdots, \xi_n(i)]\} \notin F$ (帰納法の仮定)

$\Longleftrightarrow$ $\{i \in I :$ '$\mathcal{A}_i \models \psi[\xi_1(i), \cdots, \xi_n(i)]$' でない$\} \in F$
($\because$ F は超フィルター)

$\iff \{i \in I : \mathcal{A}_i \models \varphi[\xi_1(i), \cdots, \xi_n(i)]\} \in F.$

$\phi = \exists \mathrm{v}\varphi$ の場合.

$\mathcal{B} \models \varphi[\xi_1/F, \cdots, \xi_n/F]$

$\iff$ ある $\eta/F \in B$ が存在して $\mathcal{B} \models \psi[\xi_1/F, \cdots, \xi_n/F, \eta/F]$

$\iff$ ある $\eta/F \in B$ が存在して

$\mathcal{A}_i \models \psi[\xi_1(i), \cdots, \xi_n(i), \eta(i)] \quad a.e.(F)$

$\overset{(\sharp)}{\iff} \mathcal{A}_i \models \exists \mathrm{v}\psi[\xi_1(i), \cdots, \xi_n(i), \mathrm{v}] \quad a.e.(F)$

$\iff \mathcal{A}_i \models \varphi[\xi_1(i), \cdots, \xi_n(i)] \quad a.e.(F)$

($\sharp$) の証明: $\Longrightarrow$ は明らかである. $\Longleftarrow$ を示すために

$$\mathcal{A}_i \models \exists \mathrm{v}\psi[\xi_1(i), \cdots, \xi_n(i), \mathrm{v}] \quad a.e.(F)$$

と仮定する. よって

$$X \underset{\mathrm{def}}{=} \{i \in I : \mathcal{A}_i \models \psi[\xi_1(i), \cdots, \xi_n(i), a_i] \text{ なる } a_i \in A_i \text{ がある}\}$$

とおけば, $X \in F$. そこで $\eta \in \Pi A_i$ を

$$\eta(i) = \begin{cases} a_i & i \in X \text{ のとき} \\ A_i \text{ の一つの要素} & i \notin X \text{ のとき} \end{cases}$$

によって定義する. このとき明らかに $\eta/F \in B$ であって,

$$\mathcal{A}_i \models \psi[\xi_1(i), \cdots, \xi_n(i), \eta(i)] \quad a.e.(F).$$

これで基本定理が証明された.

超巾定理 構造 $\mathcal{A}$ の超巾は $\mathcal{A}$ の初等拡大である:

$$\mathcal{A} \prec \mathcal{A}^I/F.$$

以上が紹介したいモデル構成法の第2の方法である. なぜこの方法が有用であるか, その理由の一つを示そう.

T を言語 $\mathcal{L}$ における一つの理論とし, T がモデル $\mathcal{A}$ をもつとする. T のモデルで $\mathcal{A}$ よりもはるかに大きいものを求めたいとき, 次のように処理することができる: まず十分大きい添数集合 I をとり, I 上の超フィルター F を求める. このとき $\mathcal{A}$ の超巾 $\mathcal{A}^I/F$ は超巾定理によって T のモデルであり, $\mathcal{A}$ よりずっと大きい濃度をもつ (しかし $\mathcal{A}$ の濃度と I の濃度とから超巾の濃度を確定する問題は相当むずかしい).

2.7 応用例 基本定理の応用について述べよう. まず, 本文第3章で証明されたコンパクト性定理の別証明を紹介する.

コンパクト性定理 T を $\mathcal{L}$ における理論とする. T の任意の有限部

分集合がモデルをもてば，T はモデルをもつ．

証明：$I=S_\omega(T)$ ととる．各 $\sum\in I$ に対し $\sum$ のモデルがあるからそれを $\mathcal{A}_\Sigma$ とする：$\mathcal{A}_\Sigma\models\sum$．各文 $\varphi\in T$ に対し

$$\hat{\varphi}=\{\textstyle\sum\in I:\varphi\in\sum\}$$

とおけば，$H=\{\hat{\varphi}:\varphi\in T\}$ は有限交叉性をもつ．なぜなら，任意の有限個の $\hat{\varphi}_1,\cdots,\hat{\varphi}_n\in H$ に対し

$$\text{有限集合 }\{\varphi_1,\cdots,\varphi_n\}\in\hat{\varphi}_1\cap\cdots\cap\hat{\varphi}_n$$

であるからである．よって超フィルター定理の系によりHを含む超フィルター F が存在する．そこで超積 $\Pi\mathcal{A}_\Sigma/F$ を作る．任意の $\varphi\in T$ をとると $\sum\in\hat{\varphi}$ ならば $\mathcal{A}_\Sigma\models\varphi$ であるから $\hat{\varphi}\subseteq\{\sum\in I:\mathcal{A}_\Sigma\models\varphi\}$．ところで $\hat{\varphi}\in F$ であるから $\{\sum\in I:\mathcal{A}_\Sigma\models\varphi\}\in F$．ゆえに超積定理によって

$$\Pi\mathcal{A}_\Sigma/F\models\varphi.$$

これは $\Pi\mathcal{A}_\Sigma/F\models T$ を証明した．

他の1例として**非標準解析学**について一言しよう．$\mathcal{R}$ は次の形の構造であるとする：

$$\mathcal{R}=\langle R,+,\times,0,1,<,\cdots\rangle,$$

ここで，R は実数全体の集合であり，おしまいの $\cdots$ には R 上の $2^{2^{\aleph_0}}$ 個の関数，定数，関係がリストされているものとする．Fとして $S_{\bar{\omega}}(\omega)$ を含む ω 上の超フィルターをとる．そのとき

ロビンソンの定理　超巾 $\mathcal{R}^*=\mathcal{R}^\omega/F$ は非アルキメデス的順序体である．

これを証明するために，まず用語の説明から始めよう．**体の理論(TF)**とは体の言語 $\mathcal{L}$(TF)

$$\mathcal{L}(\mathrm{TF})=\langle+,-,\times,{}^{-1},=,0,1\rangle$$

における次の文の集合のことである：

(1)　$\forall x\forall y\forall z[(x+y)+z=x+(y+z)]$

(2)　$\forall x[x+0=x]$

(3)　$\forall x[x+(-x)=0]$

(4)　$\forall x\forall y[x+y=y+x]$

(5)　$\forall x\forall y\forall z[(x\times y)\times z=x\times(y\times z)]$

(6)　$\forall x[x \times 1 = x]$

(7)　$\forall x[x \neq 0 \to x \times x^{-1} = 1]$

(8)　$\forall x \forall y[x \times y = y \times x]$

(9)　$\forall x \forall y \forall z[x \times (y + z) = (x \times y) + (x \times z)]$

(10)　$0 \neq 1$.

ついでに体の標数について一言しよう．次の文を θ_n で表わす：

$$\theta_n\colon \overbrace{1 + 1 + \cdots + 1}^{n\text{ 個}} = 0.$$

$\mathrm{TF}(n) = \mathrm{TF} \cup \{\neg\theta_2, \neg\theta_3, \cdots, \neg\theta_{n-1}, \theta_n\}$ とおく．ただし $n > 0$ とする．また

$$\mathrm{TF}(0) = \mathrm{TF} \cup \{\neg\theta_2, \neg\theta_3, \cdots, \neg\theta_n, \cdots\}$$

とおく．$\mathrm{TF}(n)$ $(n \in \omega)$ は**標数** n の体理論とよばれる．TF のモデルを体といい $\mathrm{TF}(n)$ のモデルを標数 n の体という．体の標数は 0 か素数であるから，n が合成数ならば $\mathrm{TF}(n)$ は矛盾体系である．

練習問題 1　φ が言語 $\mathcal{L}(\mathrm{TF})$ の文で，標数 0 のすべての体において φ が真ならば，ある自然数 n_0 が存在して n_0 より大きい任意の標数の任意の体において φ は真である．本文第2章 17 ページの用語 '普遍妥当' を用いると，φ が $\mathrm{TF}(0)$ で普遍妥当ならば，ある n_0 があって $n < n_0$ なるすべての n に対し φ は $\mathrm{TF}(n)$ で普遍妥当である（合成数 n に対しては $\mathrm{TF}(n)$ のモデルはないから困らない）．

ヒント：コンパクト性定理を利用する．

順序体の理論（OF）は言語 $\mathcal{L}(\mathrm{TF}) \cup \{<\}$ における次の文の集合である：

(1)～(10),

(11)　$\forall x \neg(x < x)$

(12)　$\forall x \forall y \forall z[x < y \wedge y < z \to x < z]$

(13)　$\forall x \forall y[x < y \vee x = y \vee y < x]$

(14)　$\forall x \forall y[0 < x \wedge 0 < y \to 0 < x \cdot y]$

(15)　$\forall x \forall y \forall z[x < y \to x + z < y + z]$

アルキメデス的順序体というのは，どんな要素に対してもそれより大きい自然数（$1 + 1 + \cdots + 1$ という形の項のこと）があるものである．

この概念は普通の言語の文として記述することができない．**無限長論理式**を許す言語を必要とする．

上で体の理論の形式的体系を説明したが，これからそれを使用する目的があるわけではない．ついでに‘数学理論の形式化’の1例として述べたのである．

さて，ロビンソンの定理の証明のあらましを述べよう．

$$\mathcal{R}^* = \langle R^\omega/F, +_F, \times_F, 0_F, 1_F, <_F, \cdots\rangle$$

とおく．$\mathcal{R}^*$ の領域は R の ω 個の直積空間を $\sim_F$ で類別したものであるから R^ω/F と書いたのである．

$\xi, \eta \in R^\omega$ とする．

$$\xi/F +_F \eta/F = \langle \xi(i) + \eta(i) : i \in \omega\rangle/F$$

である．これから $+_F$ が $+$ についての諸法則（マイナス‘$-$’が関係するところを除いて）をみたすことを見るのは容易である．$\times_F$ についても同様である．そこで逆元 $^{-1}$ の存在を示すことにしよう（マイナスの存在も同様である）．まず $k=0, 1$ に対し

$$\zeta_k(i) = k \quad \text{for all} \quad i \in \omega$$

なる $\zeta_k \in R^\omega$ を作ると，$0_F = \zeta_0/F$, $1_F = \zeta_1/F$ である．これらは，したがって

$$0_F = \langle 0, 0, 0, \cdots\rangle/F, \quad 1_F = \langle 1, 1, 1, \cdots\rangle/F$$

と書いてもよい．明白に $0_F \neq 1_F$ である．

そこで $\eta/F \neq 0_F$ とし，$\xi/F \times_F \eta/F = 1_F$ なる $\xi \in R^\omega$ を求めよう．仮定によって $\{i \in \omega : \eta(i) = 0\} \notin F$ であるから F が超フィルターなることから $\{i \in \omega : \eta(i) \neq 0\} \in F$．よって今

$$\xi(i) = \begin{cases} \dfrac{1}{\eta(i)} & \eta(i) \neq 0 \text{ のとき} \\ \text{任意} \in R & \eta(i) = 0 \text{ のとき} \end{cases}$$

なる $\xi \in R^\omega$ を作れば，$\{i \in \omega : \xi(i) \cdot \eta(i) = 1\} \in F$ となるから $\langle \xi(i) \cdot \eta(i) : i \in \omega\rangle \sim_F \langle 1, 1, 1 \cdots\rangle$．よって

$$\xi/F \times_F \eta/F = \langle \xi(i) \cdot \eta(i) : i \in \omega\rangle/F = 1_F.$$

これで文 (7) が $\mathcal{R}^*$ で真であることがわかった．

理論 OF の残りの文が $\mathcal{R}^*$ で真であることは読者の演習にゆだねる．よって，$\mathcal{R}^*$ が非アルキメデス的であることを示そう．$\zeta(n) = n$ for all $n \in \omega$ なる $\zeta \in R^{\omega}$ を考察する．このような ζ に対し ζ/F は‘無限大’である；すなわち，どんな自然数 m に対しても

$$(\sharp) \qquad \zeta/F <_F \overbrace{1_F +_F 1_F +_F \cdots +_F 1_F}^{m\text{ 個}}$$

が成立しない．なぜなら，任意の自然数 m をとり

$$X_m = \{i \in \omega : i < m\} = \{i \in \omega : \zeta(i) < m\}$$

を作る．そのとき

(*)　X_m は有限集合であるから $X_m \notin F$.

$\zeta/F <_F \eta/F$ とは $\{i \in \omega : \zeta(i) < \eta(i)\} \in F$ のことであるから (*) は (♯) が成立しないことを意味する．これで $\mathcal{R}^*$ の非アルキメデス性が示された．

(*) の成立に関係して主フィルター，非主フィルターについて述べよう．I 上のフィルター D がある空でない $X_0 \subseteq I$ によって生成されるとき，すなわち $D = \{Y \subseteq I : X_0 \subseteq Y\}$ であるとき，D は**主フィルター**といい，そうでないとき**非主フィルター**という．

補題 5. D が I 上のフィルターであるとき，D が主フィルターであるための必要十分条件は $\cap\{Y : Y \in D\} \in D$ が成り立つことである．

証明：　D が X_0 で生成されるならば，$\cap\{Y \subseteq I : X_0 \subseteq Y\} = X_0 \in D$ である．逆に $\cap\{Y : Y \in D\} = X_0 \in D$ ならば，明白に $\{Y \subseteq I : X_0 \subseteq Y\} \subseteq D$. これ以外の $X \in D$ ならば，$X_0 \cap X$ は X_0 の真部分集合で D に属する．これは X_0 の定義に反する．ゆえに $D = \{Y \subseteq I : X_0 \subseteq Y\}$.

ところで，われわれの F は $S_{\bar{\omega}}(\omega)$ を含む ω 上の超フィルターであった．$S_{\bar{\omega}}(\omega)$ は互いに素なメンバーを含むから

$$\bigcap\{Y : Y \in F\} = \emptyset \notin F.$$

ゆえに F は非主フィルターである．

補題 6. D が I 上の非主超フィルターならば，D は有限集合を含まない：$D \cap S_{\omega}(I) = \emptyset$.

証明：　$D \cap S_{\omega}(I) \neq \emptyset$ とし，$X \in D \cap S_{\omega}(I)$ なる X で濃度が一番小さいものをとる．D はフィルターだから $X \neq \emptyset$ である．X は1要素集合でなければならぬ．何となれば，もし $i \neq j$, $i, j \in X$ ならば，最小性から $\{i\} \notin D$. D は超フィルターだから $I - \{i\} \in D$. したがって

$$D \ni X \cap (I - \{i\}) = X - \{i\}$$

しかし，$X - \{i\}$ は X より濃度が小さいから，このことは X のえらび方に矛盾する．ゆえに X は1要素集合である．このとき，明白に $D = \{Y \subseteq I : X \subseteq Y\}$，すなわち D は主フィルターである．

補題 6 と F が非主超フィルターであることから (*) が成り立つ．

ところで，任意の実数 r に対し $\zeta_r \in R^{\omega}$ を

$$\zeta_r(i) = r \quad \text{for all } i \in \omega$$

によって定義すると，任意の $r \in R$ に $\zeta_r/F \in R^{\omega}/F$ を対応させることができる．この対応は1対1でありかつ四則算法を保存するものであることが示される(練習問題として残す)から R は $\mathscr{R}^*$ の中へ埋め込まれるわけである．先ほどの $\zeta(n) = n$ なる ζ に対する ζ/F は明白に ζ_r/F とは異なる——$\because$ $\{i \in \omega : \zeta(i) \neq \zeta_r(i)\} \in F$——から

$$\mathscr{R}^* - R \neq \emptyset$$

である．$\mathscr{R}^* - R$ に属する要素は**非標準実数**とよばれ，これに対し R の要素を標準実数という．$\mathscr{R}^*$ での議論は**非標準解析学**とよばれ，そこでは無限小と無限大を合理的に取り扱うことができる．

2.8 LST 定理 本節のおしまいとして，本文第3章で証明なしに提示されたレーヴェンハイム-スコーレム-タルスキーの定理 (LST 定理) の証明を紹介しよう．

言語 $\mathscr{L}$ の論理式全体の集合の濃度を $\mathscr{L}$ の濃度といい，$\overline{\overline{\mathscr{L}}}$ で表わす．また集合 A の濃度を $\overline{\overline{A}}$ で表わす．言語 $\mathscr{L}$ へ新記号 $*\cdots$ を加えた言語を $\mathscr{L} \cup \{*\cdots\}$ で表わす．$\mathscr{L}$ に対する構造が $\mathscr{A} = \langle A, \cdots \rangle$ であるとき，$\mathscr{L} \cup \{*\cdots\}$ に対する構造は $\mathscr{B} = \langle B, \cdots; *\cdots \rangle$ のように書く，ただし後の $*\cdots$ は前の $*\cdots$ の解釈 ($\mathscr{B}$ における) である．

下方レーヴェンハイム-スコーレム定理 (i) $\mathscr{A} = \langle A, \cdots \rangle$ を $\mathscr{L}$ に対する構造で，$\overline{\overline{\mathscr{L}}} \leqq \overline{\overline{A}}$ とする．$C \subseteq A$, $\overline{\overline{\mathscr{L}}}, \overline{\overline{C}} \leqq \beta \leqq \overline{\overline{A}}$ なる任意の C と無限濃度 β とに対し，次の条件をみたす ($\mathscr{L}$ に対する) 構造 $\mathscr{B} = \langle B, \cdots \rangle$ が存在する：

1°) $C \subseteq B$,　2°) $\overline{\overline{B}} = \beta$,　3°) $\mathscr{B} \prec \mathscr{A}$.

証明：$\mathscr{A} = \langle A, f, \cdots, P, \cdots, c, \cdots \rangle$ とする．選択公理を仮定し，A を整列する一つの順序関係 $<$ を固定しておく．A の $\cdots$ なる最小の要素

とはこの順序での最小という意味であるとする. A の部分集合の列 B_n $(n=0, 1, 2, \cdots)$ を次のように定義する:

B_0 は $C \subseteq B_0 \subseteq A$, $\overline{\overline{B_0}} = \beta$ なる任意の一つの集合とする.

$B_{m+1} = B_m \cup \{a \in A:$ a は $\mathscr{L}$ のある論理式 $\varphi(\mathrm{x}_1, \cdots, \mathrm{x}_n, \mathrm{y})$ と B_m のある要素 $a_1, \cdots, a_n$ とに対し

$$\mathscr{A} \models \varphi[a_1, \cdots, a_n, a]$$

となる最小の a である$\}$

とすれば, $B_m \subseteq B_{m+1}$ である. $B = \bigcup_{m \in \omega} B_m$ とする. $\overline{\overline{\mathscr{L}}} \leqq \beta$ であり $\overline{\overline{B_0}} = \beta$ であるから帰納法によって $\overline{\overline{B_{m+1}}} = \beta$ であることがわかり, したがって $\overline{\overline{B}} = \beta$ である.

$$\mathscr{B} = \langle B, f \upharpoonright B, \cdots, P \cap (B \times B), \cdots, c, \cdots \rangle$$

とおけば $\mathscr{B}$ は $\mathscr{L}$ に対する構造で条件 1°), 2°) をみたす. そこで 3°) を証明しよう. $\varphi(\mathrm{x}_1, \cdots, \mathrm{x}_n)$ を $\mathscr{L}$ の任意の論理式とし $a_1, \cdots, a_n \in B$ とする. このとき

$$\mathscr{B} \models \varphi[a_1, \cdots, a_n] \iff \mathscr{A} \models \varphi[a_1, \cdots, a_n]$$

を証明するのである. φ が $\exists \mathrm{v} \psi(\mathrm{x}_1, \cdots, \mathrm{x}_n, \mathrm{v})$ という形であるときの $\Longleftarrow$ が証明できれば十分である. そこで $\mathscr{A} \models \exists \mathrm{v} \psi[a_1, \cdots, a_n, \mathrm{v}]$ としよう. よって, ある $a \in A$ が存在して $\mathscr{A} \models \psi[a_1, \cdots, a_n, a]$. $a_1, \cdots, a_n \in B_m$ なる m がある. そのとき $\{a \in A: \mathscr{A} \models \psi[a_1, \cdots, a_n, a]\} \neq \emptyset$ であるから, この中から最小要素 a をとると $a \in B_{m+1}$ (定義による). ゆえに $a \in B$. よって $\mathscr{B} \models \exists \mathrm{v} \psi[a_1, \cdots, a_n, \mathrm{v}]$ が成り立つ.

下方レーヴェンハイム-スコーレム定理 (ii) Σ を $\mathscr{L}$ における理論 (すなわち $\mathscr{L}$ の一つの文集合) で, $\overline{\overline{\Sigma}} = \kappa$ であり, 濃度 $\geqq \kappa$ なる無限 (正規) モデルをもつとする. そのとき

(a) $\kappa \geqq \aleph_0$ なら, Σ は濃度 κ の (正規) モデルをもつ.

(b) $\kappa < \aleph_0$ なら, Σ は可算 (正規) モデルをもつ.

証明: $\beta = \max\{\aleph_0, \kappa\}$ とする. よって仮定により $\overline{\overline{A}} \geqq \beta$ なる (正規) モデル $\mathscr{A} = \langle A, \cdots \rangle$ をもつわけである. このとき Σ が濃度 β の (正規) モデルをもつことを証明したい. Σ に現われる関数文字, 述語 (関係) 文字, 定数記号は高々 β 個である. $\mathscr{L}'$ を $\mathscr{L}$ の中のちょうどこれらの記号から成る言語とすれば, Σ は $\mathscr{L}'$ における理論であ

って，$\overline{\overline{\mathcal{L}'}} = \beta$. $\mathcal{L}'$ にない記号を解釈する対象物を $\mathcal{A}$ から除いてしまうと $\mathcal{L}'$ に対する構造 $\mathcal{A}' = \langle A, \cdots \rangle$（領域はそのままとする）が得られる．$\mathcal{A}'$ は明らかに $\sum$ のモデルである．よって定理 (i) において $\mathcal{A}$ を $\mathcal{A}'$，$\mathcal{L}$ を $\mathcal{L}'$，$C = \emptyset$ とすれば（$\beta \leqq \overline{\overline{A}}$ を用いて）(i) の仮定がすべてみたされる．ゆえに $\mathcal{L}'$ に対する構造 $\mathcal{B}' = \langle B, \cdots \rangle$ が存在して $\overline{\overline{B}} = \beta$, $\mathcal{B}' \prec \mathcal{A}'$ となる（特に $\mathcal{A}$ が正規モデルなら，$\mathcal{A}'$ も正規であり，したがって $\mathcal{B}'$ もまた正規モデルとして得ることができる）．したがって $\mathcal{B}'$ は $\sum$ の（正規）モデルである．$\sum$ に現われない $\mathcal{L}$ の記号の解釈を勝手にえらんで $\mathcal{B}'$ へ加えたもの（領域はそのままとする）を $\mathcal{B}$ とすれば，$\mathcal{B}$ は $\mathcal{L}$ に対する構造で，濃度 β をもち，$\sum$ の（正規）モデルである．

上方レーヴェンハイム－スコーレム定理　κ は $\overline{\overline{\mathcal{L}}} \leqq \kappa$ なる任意の濃度で，$\sum$ は $\mathcal{L}$ における理論とする．もし $\sum$ が無限（正規）モデルをもてば，$\sum$ は濃度 κ の（正規）モデルをもつ．

証明：$\mathrm{d}_\alpha\,(\alpha < \kappa)$ を $\mathcal{L}$ にない κ 個の異なる定数記号とし拡大言語 $\mathcal{L}' = \mathcal{L} \cup \{\mathrm{d}_\alpha : \alpha < \kappa\}$ における理論 $T = \sum \cup \{\neg(\mathrm{d}_\alpha \equiv \mathrm{d}_\beta) : \alpha < \beta < \kappa\}$ を考える（37 ページの所論と同じである）．T の任意の有限部分集合は容易にわかるようにモデルをもつから，コンパクト性定理により T はモデル $\mathcal{B} = \langle B, \cdots ; \{b_\alpha : \alpha < \kappa\} \rangle$ をもつ．ここに b_α は定数記号 d_α の解釈である B の元である（ゲーデル－ヘンキンの定理，コンパクト性定理を 29～30 ページの方法で修正すると，T に対し濃度 $\leqq \overline{\overline{\mathcal{L}'}} = \kappa$ なる**正規**モデルの存在がいえる）．当然 $\alpha \neq \beta$ なら $b_\alpha \neq b_\beta$ であるから $B_1 = \{b_\alpha : \alpha < \kappa\}$ とおけば

$$B_1 \subseteq B,\ \overline{\overline{B_1}} = \kappa \leqq \overline{\overline{B}},\ \overline{\overline{\mathcal{L}'}} \leqq \kappa$$

である．よって下方レーヴェンハイム－スコーレム定理 (i) によって

$$B_1 \subset C,\ \overline{\overline{C}} = \kappa,\ \mathcal{C} = \langle C, \cdots ; \{b_\alpha : \alpha < \kappa\} \rangle \prec \mathcal{B}$$

なる $\mathcal{L}'$ に対する構造 $\mathcal{C}$ が存在する．$\mathcal{B}$ はもちろん $\sum$ の（正規）モデルであるから，$\mathcal{C}$ の $\mathcal{L}$ への制限 $\mathcal{C} \upharpoonright \mathcal{L} = \langle C, \cdots \rangle$ は $\mathcal{L}$ に対する構造で $\sum$ の（正規）モデルであり，その濃度は κ である．

これらの結果をまとめて次の定理を得る．

LST 定理　$\sum$ が言語 $\mathcal{L}$ の理論で，無限（正規）モデルをもつとす

る．そのとき

（a） Σ が有限集合なら，Σ は任意の濃度の(正規)モデルをもつ．

（b） $\overline{\overline{\Sigma}} \geqq \aleph_0$ なら，Σ は $\kappa \geqq \overline{\overline{\Sigma}}$ なる任意の濃度 κ の（正規）モデルをもつ．

モデル理論に関する邦語の書物は筆者の知る限り皆無である．ただし，超積に関しては竹内 [8]，山中 [30] に大体のことが載っていて，ここで参考にさせていただいた．梅沢 [3]，井関 [2] にもモデルのことが少し載っている．しかし，一般なモデル理論は講義録の本橋 [16] か，英文の書物にたよるしかない．それゆえに，この解説で多少のよけいな紹介を行なったわけである．本文にモデル理論自体の参考書が1冊もあげられてないので二，三紹介しよう．Bell–Slomson [17]，Chang-Kiesler [18] は—ここでも利用したが—いろいろな結果を集大成したもので，特に後者は 1972 年ごろまでのめぼしい結果をほとんど含んでいる．また，応用に重点をおいたものに Kopperman [24] がある．これら以外にもよい文献があるが省略する．

脱稿後，斉藤 [32] が発行された．

§3. チューリング計算機と帰納的関数

この主題については邦語の書物がたくさんある．これはコンピューター科学の基礎理論であり，‘計算の理論’ の本に詳しい内容が載っている．その他オートマトン論とか数理言語学の本にも十分な解説がある．訳者は帰納的関数の一般化理論に最も深い関心をもっている．そしてこれについては本書で解説されてない部分も含めて著作の計画をもっているので，ここにこれ以上の解説を加えることは中止し，いくつかの参考書を紹介するにとどめる．

訳者の手もとにあるものの中から拾い出すと，相沢 [1]，梅沢 [3]，広瀬 [11]，細井 [12] がある．言語理論との関係も [12] に述べられている．オートマトン理論としてのチューリング計算機についてはたくさんの書物の中から手もとにある樹下 [4] を引用しておこう．

この主題に関し最も重要な文献は，先に引用した Kleene [23] とデーヴィス [9] である．専門的な書物としては Rogers [25] があるが，この本以後に発展した部分はまだ総合的な書物になっていない．

§4. ゲーデルの不完全性定理

この主題は本文でよく‘説明’されている．これ以上は本文の記事を実際一つ一つチェックしていくことでこれはなかなかの難行である．詳細は Kleene[23] を参照されたい この本にはゲーデルの定理の一般化も論じてある．また，ゲーデルの証明の解説を主題とした小冊子がある：数学から超数学へ，ゲーデルの証明（ナーゲル，ニューマン著，林一訳，白揚社（昭和 43 年））．

§5. 集合論

ご承知のように集合論は，19 世紀後半に G. カントルによって創始されたきわめて重要な数学の分野である．その後多数の人々の精力的な研究によって著しい発展をみたが，その跡をたどると次に示すようないくつかの時代を画する重要な発見がなされ，それらがそれぞれの後の発展の基礎になっていることがわかる．

（1） 創始期，実数集合の非可算性，超限の概念，連続体問題（1880～1900）：カントル，デデキントら．

（2） 逆理の発見（1900 年前後）：ラッセル，ブラリフォルチら．

（3） 集合論の公理系の提示，選択公理(1905～1930)：ツェルメロ，フレンケルら．

（4） 選択公理，連続体仮説の無矛盾性，構成的集合の概念（1938)：ゲーデル．

（5） 選択公理，連続体仮説の独立性，強制法（1963)：コーエン．

(この他に記述集合論に関する発見もあるが，本書には直接関係がないので省く．)

本文第 1 章と第 6 章で，これらの経過が（公理の意義なども含めて）誠に手ぎわよく解説されている．したがって，さらに一般的な解説を加える必要はないので，ここでは連続体仮説の独立性の証明の詳細を記述することにしよう．邦語による証明はコーエンの本の訳本 [5] と難波 [10] があるだけであり，[5] は専門家にとってはおもしろい書き方であるが，そうでない人には相当むずかしいといわれている．[10] には，ソロベイ・スコットらが開発したブール代数値モデルの方法が解説されており，それにもとづく証明が載っている．そこでこの解説では，前2者と少し違った方法（**非分岐強制法**とよばれる）で，しかもなるべくスキップしないように CH の独立性証明を紹介しようと思う．しかし，ページ数の関係でやむをえず省略しなければならなかった部分もあるが，強制法そのものに関する部分はほぼ完全に記述したつもりである．

原書の方法は‘分岐階層’によっており，強制概念が少し複雑になっている．ここでは分岐しない理論によった．本節は Shoenfield [28] の一部を補足してていねいに述べたものである．

5.1　無矛盾性証明と独立性証明の方法　集合論 ZF の**内部モデル**とは，集合論 ZF で定義可能なクラス——クラスについては第6章 注2) を参照されたい——であって ZF のすべての公理をみたすもののことである．もっと詳しく述べると，ある1変数の論理式 $\varphi(x)$ に対し

$$A = \{x : \varphi(x)\}$$

によって定義されるクラス A を領域とする構造 $\langle A, \in\rangle$ であって，ZF のすべての公理をみたすものである．これに対し推移的**集合** M——すなわち‘$x \in M$, $y \in x$ ならば $y \in M$’という条件をみたす集合 M——を領域とする構造 $\langle M, \in\rangle$ が ZF のすべての公理を満足するとき，$\langle M, \in\rangle$ を ZF の**標準モデル**という．第6章 注11) で述べたようにゲーデルの L をもつ $\langle L, \in\rangle$ は ZF の**内部モデル**である．よって，$V = L$（構成可能性公理）とか AC（選択公理）とか GCH の，無矛盾性の証明はこのような内部モデルを用いて実行できたわけである．しかし，AC, GCH, $V = L$ などの**独立性**は内部モデルの方法では証明できないことが知られている．その理由は多少めんどうであるから割愛し，詳しいことはコーエンの本 [5] 第4章にまかせることにする．

それでは一体独立性証明にはどういう方法をとればよいのであろうか? 原書では‘ZF の可算標準モデルが存在する’ことを仮定した．これは‘ZF が無矛盾である’という仮定だけからは導くことができないことが知られている．したがって本文の（説明的）証明は，体系

(*)　ZF +‘ZF の標準モデルがある’

が無矛盾であることを仮定したことにほかならない．われわれは ZF の**無矛盾性のみを仮定して** CH などの独立性を証明したいのである．

独立性証明の方法は次のようである: **本文の集合論の公理系から** AC

を除いた体系を改めて ZF **と書き，** ZF **へ** AC **を加えた体系を** ZFC **と書く**ことにする．((*) の無矛盾性仮定の下で満足ならば本項 § 5.1 のこれから後の部分は省略してよい．) $\mathcal{L}$ を集合論の言語とし，$\mathcal{L}$ にない新述語記号（1 変数の）M(·) を $\mathcal{L}$ へ加えた言語を $\mathcal{L}^*$ とする．新体系 ZFC* を次のように定義する．

1°) ZFC* の言語は $\mathcal{L}^*$ である．

2°) 形成規則は普通のとおり（原始論理式は $x \in y$ なる形と $\mathrm{M}(x)$ なる形のもの）．

3°) 公理系は ZFC の公理と次の形のもの：

$$\psi \leftrightarrow \mathrm{M} \vDash \psi, \quad \psi \text{ は } \mathcal{L} \text{ のすべての文}.$$

ただし，$\mathrm{M} \vDash \psi$ は ψ の中に現われる $\forall x \cdots$，$\exists x \cdots$ なる形の部分をそれぞれ $\forall x[\mathrm{M}(x) \rightarrow]$，$\exists x[\mathrm{M}(x) \wedge \cdots]$ でおきかえて得られる（$\mathcal{L}^*$ の）論理式を表わす．

4°) 必要ならば，GCH または $V = L$．

ZFC* では，ψ が ZFC の公理または 4° の式であれば $\mathrm{M} \vDash \psi$ が成り立つわけである．したがって，ZFC* の中では M は ZFC + (4° の式）の $\in$-モデル（$\in$ を $\in$ で解釈するモデル）になっている．

保守拡大の定理 ZFC* は ZFC の保守拡大である．すなわち，φ が $\mathcal{L}$ の論理式であって $\mathrm{ZFC}^* \vdash \varphi$ ならば，すでに $\mathrm{ZFC} \vdash \varphi$ である．

この定理の証明はレヴィの反映原理と称する結果を利用しなければならないので省略する．ところで，一般に**理論 T' が理論 T の保守拡大であれば，T' が無矛盾であることと T が無矛盾であることとは同値になる**．なぜなら，もし T が無矛盾なら T の言語の文 φ であって $T \vdash \varphi$ とならないものがある．ゆえに保守拡大性により当然 $T' \vdash \varphi$ でもない．したがって T' は無矛盾である（注意：一般に一つの理論が無矛盾であることは，その理論で証明不可能な文が存在することと同値である．これは容易な練習問題である．解説 §1 126 ページ (2) を利用する）．

そこで今，ZFC が無矛盾であると仮定しよう．上の議論から ZFC* は無矛盾である．よってこの体系 ZFC* において CH の ZF に対する独立性，すなわち $\mathrm{ZF} + \neg \mathrm{CH}$ の無矛盾性を実行すればよい．そのため次のような処置をとる．ZFC* においては $\langle \mathrm{M}, \in \rangle$ が ZFC + (4° の式)

のモデルであった．ZFC* 内で§2の下方レーヴェンハイム－スコーレムの定理 (i) を適用すれば，$\langle M, \in \rangle$ の可算初等部分構造 $\langle M_1, \in \rangle$ を求めることができる．すなわち，M_1 は M の可算部分集合で，$\langle M_1, \in \rangle \prec \langle M, \in \rangle$．したがって，もちろん $\langle M_1, \in \rangle \equiv \langle M, \in \rangle$ であるから，$\langle M_1, \in \rangle$ は ZF + (4° の式) のモデルである．これに，次に述べる定理を適用すると $\langle M_2, \in \rangle \simeq \langle M_1, \in \rangle$ なる推移的集合 M_2 が得られる．同型であるからもちろん M_2 は可算集合であり，しかも $\langle M_2, \in \rangle$ は ZF + (4° の式) のモデルである．かくて ZFC* の中では‘ZF + (4° の式) の可算標準モデルが存在する’と主張できたわけである．このモデルが本文 100～101 ページで仮定したところの可算標準モデルとして使える．そして今度こそ**正真正銘の**

‘ZFC が無矛盾ならば ZFC + $\neg$ CH も無矛盾である’

の証明が得られるのである．

上で利用した定理は次のものである：

モストウスキーの同型定理　M が集合であって，$\langle M, \in \rangle$ が外延性公理を満足するならば，推移的集合 M' を一意的に定めて，$\langle M', \in \rangle$ が $\langle M, \in \rangle$ と同型になるようにできる．

証明は省略する．たとえばコーエン [5] を参照されたい．

5.2　強制法　今後 $\langle M, \in \rangle$ は ZFC の標準モデルであるとし，必要に応じ $V = L$ が成立するとか M が可算であるとかいう仮定を追加することにする．このような追加が合法的なことは§5.1で見てきたとおりである．また，一般にモデル $\langle N, \in \rangle$ という代りにしばしば単にモデル N という．強調するときはキチンと $\langle N, \in \rangle$ のように書く．

今，M の 2 要素 a，b で，M で無限集合をなすものをとる (M が推移的集合であるから，a と b は実世界の集合としても無限集合である)．M を拡大して N を作り，モデル N において a から b の**上への**写像が存在するようにしたい．一般に関数 F の定義域を dom (F)，値域を range (F) と書くことにする．与えられた a と b に対し

$$C = \{p \in M : p : \mathrm{dom}(p) \to b,\ \mathrm{dom}(p) \text{ は } a \text{ の有限部分集合}\}$$

なる集合 C を作る．$p \in S(a \times b)$ であり，$S(a \times b) \in M$ であるから内包性公理によって $C \in M$ である．ただし，記号 $S(x)$ は §2 で用い

たように x の巾集合すなわち x の部分集合全体の集合を表わす.

全射関数 $f: a \to b$ が存在すれば, f を $f \subseteq a \times b$ と考えたとき f の任意の有限部分集合は C の要素であるから, $G = S_\omega(f)$ と定義すると $G \subseteq C$ である. しかし一般に $G \in M$ とは限らない. この G を上手にえらんで, G を用いて M の拡大 N を作るというのが基本的アイディアである.

$p, q \in C$ に対し, $p \subseteq q$ のとき $q \leqq p$ と書き q は p の**拡大**であるという (向きが反対になっていることに注意. もし $p \subseteq q$ なら, q のほうが p よりたくさんの情報をもっている. ところがよりたくさんの情報を満足するものの集りはより小さくなる. この意味で $p \subseteq q$ を $q \leqq p$ と書いたものと考えてよい). そのとき, この順序で C は最大元 0 (空集合) をもつ順序集合をなす. しかし全順序集合ではない.

G の要素を集めて関数 f を作るというアイディアであるから, G が次の条件をみたすことを要請する:

(i) $0 \in G$

(ii) $p \in G, p \leqq q \to q \in G$

(iii) $p, q \in G$ なら $r \leqq p$ かつ $r \leqq q$ となる G の要素 r が存在する. このとき p と q は (G で) **整合的**であるという. また, G は整合的であるともいう (有向集合の定義に類似する).

第1条件は G が空でないことのため, 第2, 3条件は G がある意味でフィルターをなすことをいっている. §2で述べたフィルターの定義と比較されたい. (iii) があるから $f = \bigcup G$ が関数 $f: a \to b$ になる(後述する).

さらに $\mathrm{dom}(f) = a$, $\mathrm{range}(f) = b$ であることを保証するために

(iv) G は任意の $x \in a$ に対する $D_x = \{p \in C : x \in \mathrm{dom}(p)\}$ および任意の $y \in b$ に対する $R_y = \{p \in C : y \in \mathrm{range}(p)\}$ と交わる.

なる条件を要請する. 各 D_x, R_y は 'C の任意の要素 q に対し q のある拡大がその集合中に存在する' という条件をもつ. この性質をもつ C の部分集合は C で**稠密**であるという.

以上のアイディアの下に次の定義が現われる.

定義 **強制**の概念とは最大元をもつ順序集合のことである. その順序を $\leqq_C$, 最大元を 1_C で表わす(混乱のない限り添字 C を省き単に $\leqq$, 1 と書く). C の各要素を**条件**といい, $p \leqq q$ のとき p は q の**拡大**であるという.

C の部分集合 D が (C で) **稠密**とは, D が

$$\forall p \in C \exists q \in D[q \leqq p]$$

なる性質をもつことをいう（C に適当な位相を入れると，Dはその位相の意味で‘稠密’になるのでこの名がある）.

なお，§5 では集合 x の濃度を $\bar{\bar{x}}$ でなく $|x|$ と書くことにする.

例 1　κ を任意の濃度とするとき

$$H_\kappa(a, b) = \{p : p{:}\mathrm{dom}(p) \to b,\ \mathrm{dom}(p) \subset a, |\mathrm{dom}(p)| < \kappa\}$$

なる集合 $H_\kappa(a, b)$ は強制の概念である. 前述のように，$p \subseteq q$ を $q \leqq p$ と定義すればよい. 上で説明した C は $H_\omega(a, b)$ である. 本稿では $H_\omega(a, b)$ しか使わない. よって添字 ω を省略し単に $H(a, b)$ と書く. **$a, b \in M$ ならば $H(a, b) \in M$ である**ことに注意せよ.

定義　M は標準モデルで，C は強制の概念であるとする（実用上は $C \in M$ とする）. C の部分集合 G が M **上で** C–**包括的**であるとは，G が次の 4 条件を満足することである:（本節では空集合を 0 で表わす.）

$G1$)　$1_C \in G$

$G2$)　$\forall p \in G \forall q[p \leqq q \to q \in G]$

$G3$)　$\forall p, q \in G \exists r \in G[r \leqq p \wedge r \leqq q]$

$G4$)　$D \subseteq C$ が M の集合で，C で稠密であれば，$G \cap D \neq 0$.

存在定理　M は**可算**標準モデルとする. C が強制概念であれば，各 $p \in C$ に対し $p \in G$ なる M 上の C–包括的集合 G が存在する.

証明:　M は可算集合であるから M の要素すべてを

$$a_0, a_1, a_2, \cdots, a_n, \cdots$$

と並べることができる. 各自然数 n に対し $p_n \in C$ を次のように帰納的に定義する.

$$p_0 = p$$

$$p_{n+1} = \begin{cases} p_n \text{ の拡大で } a_n \text{ に属する一つの } q, & \text{（このような } q \text{ があるとき）} \\ p_n & \text{（そうでないとき）} \end{cases}$$

これに対し

$$G = \{r \in C : \exists n[p_n \leqq r]\}$$

と定義すれば G は M 上の C–包括集合である. 何となれば，$G1$)は: $p_0 \leqq 1$ であるから $1 \in G$. $G2$): 任意の $q \in G$ と $q \leqq r$ なる任意の $r \in C$

をとる．$p_n \leqq q$ なる p_n がある．よって $p_n \leqq r$，すなわち $r \in G$．$G3)$：任意の $q, q' \in G$ をとる．$p_n \leqq q$，$p_m \leqq q'$ なる自然数 n, m がある．たとえば $n \leqq m$ としよう．すると $p_m \leqq p_n$ であるから $p_m \leqq q, q'$ となり，たしかに $G3)$ が成り立つ．$G4)$：$D \subseteq C$ を稠密で $D \in M$ なるものとすると，ある n に対し $D = a_n$ である．この n に対し D の稠密性により $q \in D = a_n$ かつ $q \leqq p_n$ なる q がある．p_{n+1} の定義によれば，これは $p_{n+1} \in a_n$ なることを意味する．ゆえに $D \cap G \neq 0$．

この証明で M の可算性（または $M \cap S(C)$ の可算性でもよい）がよく効いている．実際，存在定理において $M \cap S(C)$ の可算性条件を省くことができないことが知られている．また，G の存在が M 全体に関係しているので一般に $G \in M$ とはならないことも納得できるであろう．

練習問題 G が M 上の C–包括的集合ならば，$f = \bigcup G$ とおくと $f: a \to b$ は全射関数である．すなわち，$\mathrm{dom}(f) = a$，$\mathrm{range}(f) = b$ なる関数である．ただし $C = H(a, b)$ とする．

5.3 新モデルの構成 M は可算標準モデルで C は M における強制概念であるとする．すなわち C と $\leqq_C$ とが M の要素である．M 上の C–包括的集合 G を一つとって固定し，構造 $\langle M, \in_G \rangle$ を次のように作る：任意の $x, y \in M$ に対し

$$x \in_G y \leftrightarrow \exists p \in G[\langle x, p \rangle \in y].$$

また

$$K_G(y) = \{K_G(x) : x \in_G y\}$$

と定義する．もちろん x, y は M の要素である．ところで，もし $x \in_G y$ ならば，ある p に対し $\langle x, p \rangle = \{\{x\}, \{x, p\}\} \in y$ であるから，$\rho(x) < \rho(y)$．ただし $\rho(x)$ は x の階数であり，第6章注13) で説明されたものである．したがって，$K_G(y)$ の定義は順序数 $\rho(y)$ に関する帰納法による定義になっているから合法的である——このことを詳しく述べるのは少々めんどうであるから省略する．これは公理的集合論の初めのそれほど長くはないトンネルの中に含まれる；不幸にして解説者はこの部分を詳しく説明してある日本語の書物を知らない．

そこで

$$M[G] = \{K_G(a) : a \in M\}$$

と定義する.

主定理 Mを ZFC の可算標準モデル, CをMにおける強制の概念, GをM上のC–包括的集合とする. そのとき$M[G]$はMを含み, Gを要素としてもつ集合で, $\langle M[G], \in\rangle$ は ZFC の可算標準モデルである.

この定理の証明は長い. これから順にそれを実行する. $K_G(a)$ の代りに $\bar{a}$ と書く. a, b, x, y などはことわりがない限り M の要素を表わすものとする.

1°) $M[G]$ は可算集合でかつ推移的である. 何となれば, M が可算であるから定義によって $M[G]$ は可算である. また, $K_G(a)$ の定義から $M[G]$ は推移的である.

2°) $$\check{a} = \{\langle\check{x}, 1\rangle : x \in a\}$$

と定義する, ここに 1 は 1_C のこと. これはMにおける $\rho(a)$ に関する超限帰納法による定義であるから, 関数: $a \to \check{a}$ は M で定義された関数であり, 特に $\check{a} \in M$ である. このとき

(*) $$K_G(\check{a}) = a \quad (\text{すなわち } \bar{\check{a}} = a).$$

したがって $M \subseteq M[G]$ である.

証明: $x \in a$ とする. $\langle\check{x}, 1\rangle \in \check{a}$ であり $1 \in G$ であるからこれは $\exists p \in G(\langle\check{x}, p\rangle \in \check{a})$ を意味する. よって定義から $\check{x} \in_G \check{a}$. 逆に $\check{x} \in_G \check{a}$ ならば, ある $p \in G$ に対し $\langle\check{x}, p\rangle \in \check{a}$ であるが $\check{a}$ の定義から $p = 1$ でなければならない. よって $\langle\check{x}, 1\rangle \in \check{a}$ となり $x \in a$ でなければならない. すなわち

$$x \in a \iff \check{x} \in_G \check{a}$$

なることがわかった. したがって

$$\begin{aligned} K_G(\check{a}) &= \{K_G(x) : x \in_G \check{a}\} = \{K_G(\check{x}) : \check{x} \in_G \check{a}\} \\ &= \{x : x \in a\} \\ &= a. \end{aligned}$$

($\rho(x) < \rho(a)$ であるから帰納法の仮定により $K_G(\check{x}) = x$)

3°) $G \in M[G]$ なること: $\hat{G} = \{\langle\check{p}, p\rangle : p \in C\}$ と定義すると, $\hat{G} \in M$ である. そのとき $K_G(\hat{G}) = G$. 何となれば,

$$a \in_G \hat{G} \leftrightarrow \exists p \in G\,[a = \check{p}]$$

であるから (*) を用いて

$$K_G(\hat{G}) = \{K_G(a) : a \in_G \hat{G}\} = \{K_G(\check{p}) : p \in G\} = \{p : p \in G\} = G.$$

以上をまとめると

4°) $M[G]$ は可算かつ推移的集合で，M を含み，G をその要素としてもつ．

次に，**強制法言語**とよばれる言語 $\mathcal{L}^\sharp$ を導入する．$\mathcal{L}^\sharp$ の論理記号は $\neg$ と $\vee$ と E だけにし，2変数の述語記号 ε と $\neq$ をもつとする．また，M の各要素 a 自体を定数記号として $\mathcal{L}^\sharp$ へ入れる．a は $M[G]$ の要素 $\bar{a}(=K_G(a))$ を表わすための記号であり，$\bar{a}$ の**名前**とよばれる．$a=b$ は $\neg(a \neq b)$ の略記として用いる(なぜ $=$ でなく $\neq$ を原始記号として選んだのかというと，その理由は以下で述べる強制関係の定義を簡単にするためである)．論理式と文は普通の集合論の場合と同様に定義される．$\mathcal{L}^\sharp$ は定数記号をもっているから，$a, b \in M$ に対し $a \,\varepsilon\, b$ は文である．ただし x, y が変数なら $x \,\varepsilon\, y$ は論理式であるが文ではない．

今まで用いてきた記号 $\neg$，$\vee$，$\wedge$ は区別の都合上それぞれ not，or，& と書くことにする．$\rightarrow$，$\forall$，$\exists$ はそのまま．

定義 C の要素 p と $\mathcal{L}^\sharp$ の文 φ との間の関係 $p \Vdash \varphi$（pは φ を**強制すると読む**）を次のように定義する；a，b，c は M の任意の要素（したがって $\mathcal{L}^\sharp$ の任意の定数記号）であり，p，q は C の任意の要素すなわち条件である．

(1) $p \Vdash a \varepsilon b \Longleftrightarrow \exists c \exists q \geqq p[\langle c, q\rangle \in b \;\&\; p \Vdash \neg(a \neq c)]$.

(2) $p \Vdash a \neq b \Longleftrightarrow \exists c \exists q \geqq p[\langle c, q\rangle \in a \;\&\; p \Vdash \neg(c \,\varepsilon\, b)]$
　　　or $\exists c \exists q \geqq p[\langle c, q\rangle \in b \;\&\; p \Vdash \neg(c \,\varepsilon\, a)]$.

(3) $p \Vdash \neg\psi \Longleftrightarrow \forall q \leqq p$ not $[q \Vdash \psi]$.

(4) $p \Vdash \psi \vee \theta \Longleftrightarrow p \vDash \psi$ or $p \Vdash \theta$.

(5) $p \Vdash \mathrm{E} x \psi(x) \Longleftrightarrow \exists b(p \Vdash \psi(b))$.

まず，原始文 $a \,\varepsilon\, b$, $a \neq b$ についてみてみよう．これらに対する強制関係は $\max(\rho(a), \rho(b))$ についての同時的超限帰納法による定義になっている．基礎は，任意の p，a に対する not $p \Vdash a \,\varepsilon\, 0$ と $p \Vdash \neg(0 \neq 0)$ である．これらは (1)，(2)，(3) から容易にわかる．これらを用いて $p \Vdash 0 \,\varepsilon\, \{\check{0}\}$ とか $p \Vdash 0 \neq \{\check{0}\}$ などが導かれる．複合文に対する強制関係はその文の構成に(同じことであるが，文の次数に)関する帰納法になっている.

また, p が $\mathcal{L}^\sharp$ の文 φ を弱強制する——$p \Vdash^* \varphi$ と書く——ということを

$$p \Vdash^* \varphi \iff \forall G[\{G \text{ は } M \text{ 上で } C\text{–包括的 } \& \ p \in G\} \to M[G] \vDash \varphi]$$

によって定義する.

ただし, $M[G] \vDash \varphi$ とは, M の元 a を $\bar{a}$ で, ε を $\in$ で解釈し, また論理記号と $\neq$ は普通に解釈して φ が成り立つ, という意味である.

例　$M[G] \vDash a \,\varepsilon\, b \iff \bar{a} \in \bar{b}$.

$M[G] \vDash \check{a} \,\varepsilon\, \check{b} \iff a \in b$, なぜなら $\bar{\check{a}} = a$ だから.

よって, たとえば $M[G] \vDash \check{0} \,\varepsilon\, \widecheck{\{0\}}$ であるが $M[G] \vDash 0 \,\varepsilon\, \{0\}$ ではない. なぜなら $\check{0} = 0$, $\widecheck{\{0\}} = \{\langle 0, 1 \rangle\}$, $\bar{0} = 0$, $\overline{\{0\}} = 0$ であるからである.

(a)　**定義可能性補題**　$\varphi(\mathrm{v}_1, \cdots, \mathrm{v}_n)$ は自由変数が $\mathrm{v}_1, \cdots, \mathrm{v}_n$ だけである $\mathcal{L}^\sharp$ の論理式であるとする. そのとき

$$\{\langle p, a_1, \cdots, a_n \rangle : p \Vdash^* \varphi(a_1, \cdots, a_n)\}$$

は M のクラス——すなわち M で定義可能なクラス——である. 特に, $a_1, \cdots, a_n \in M$ ならば $\{p : p \Vdash^* \varphi(a_1, \cdots, a_n)\}$ は M の集合である.

(b)　**拡大補題**　φ が $\mathcal{L}^\sharp$ の文であるとき

$$p \Vdash^* \varphi \ \& \ q \leqq p \implies q \Vdash^* \varphi.$$

(c)　**真実性補題**　G が M 上の C–包括的集合で, φ が $\mathcal{L}^\sharp$ の文ならば

$$M[G] \vDash \varphi \iff \exists p \in G[p \Vdash^* \varphi].$$

これらの補題を示すために, まず (a), (b), (c) において $\Vdash^*$ を $\Vdash$ でおきかえた補題 (a′), (b′), (c′) が成立することを証明する. 次に

(d)　　$$p \Vdash^* \varphi \iff p \Vdash \neg\neg\varphi$$

なることを証明する. そのとき (a′), (b′), (c′) において, φ の代りに $\neg\neg\varphi$ を用いれば (d) を用いて (a), (b), (c) が成立することがわかる. なぜなら $M[G] \vDash \varphi \iff M[G] \vDash \neg\neg\varphi$ は当り前だからである.

(a′) の証明:　$\varphi(\mathrm{v}_1, \cdots, \mathrm{v}_n)$の次数についての帰納法による. 原始文の場合は階数に関する超限帰納法による. それは M の中で完全に実行できるものである. 詳細は練習問題として残しておくが, 公理的集合論の初めの部分の知識を必要とする.

(b′) の証明:　$p \Vdash \varphi$ かつ $r \leqq p$ とせよ. φ が原始文のときは C の元が定義の右辺に $\exists q \geqq p$ という形で現われるから $r \leqq p$ ならばもちろん

$\exists q \geqq r$であるので OK. φが$\neg\psi$のとき，$\forall q \leqq p$ not $(q \Vdash \psi)$である$r \leqq p$ であるから $q \leqq r$ ならもちろん $q \leqq p$ がいえるのでこれが使える．よって $\forall q \leqq r$ not $(q \Vdash \psi)$，すなわち $r \Vdash \neg\psi$. φ が $\psi \vee \theta$ および $\exists x \psi(x)$ なる形のときは帰納法の仮定から直ちに $r \Vdash \varphi$ が出てくる．

（e） 補題（(c′) の証明のために） 文 φ に対し (c′) が成り立てば次式が成り立つ:

$$a \in_G b \ \& \ M[G] \vDash \varphi \iff \exists p \in G \exists q \geqq p[\langle a, q\rangle \in b \ \& \ p \Vdash \varphi].$$

証明: 左辺が成り立てば $r \Vdash \varphi$ なる $r \in G$ があり，かつまた $\langle a, q\rangle \in b$ なる $q \in G$ がある．$p \leqq r, q$ なる $p \in G$ をとれば拡大補題により $p \Vdash \varphi$ であるから右辺が成立する．逆にこのような p, q があれば，$q \in G$ でなければならないから $a \in_G b$ となる．また，文 φ に対する (c′) から $M[G] \vDash \varphi$.

(c′) の証明: $\Vdash$ の定義に従う帰納法による．

（1） φ が $a \varepsilon b$ である．$M[G] \vDash a \varepsilon b$ とせよ．よって $\bar{a} \in \bar{b}$, ゆえに $\bar{b}$ の定義から $c \in_G b \ \& \ \bar{a} = \bar{c}$ なる c がある．$\bar{a} = \bar{c}$ は $M[G] \Vdash a = c$ を意味する．よって帰納法の仮定と (e) とによって $p \in G, q \geqq p[\langle c, q\rangle \in b \ \& \ p \Vdash a = c]$ なる p, q がある．これは $\exists p \in G[p \Vdash a \varepsilon b]$ にほかならない．今の議論はそのまま逆にたどれる．

（2） φ が $a \neq b$ である．$M[G] \vDash a \neq b$ とすると $\bar{a} \neq b$, したがって $c \in_G b$, $\bar{c} \notin \bar{a}$ (i.e. $M[G] \vDash \neg c \varepsilon a$) または $c \in_G a$, $\bar{c} \notin b$ (i.e. $M[G] \vDash \neg c \varepsilon b$) なる c がある．帰納法の仮定と (e) とから $\exists p \in G \exists q \geqq p [\langle c, q\rangle \in b \ \& \ p \Vdash \neg c \varepsilon a]$ または $\exists p \in G \exists q \geqq p[\langle c, q\rangle \in a \ \& \ p \Vdash \neg c \varepsilon b]$, したがって $\exists p \in G[p \Vdash a \neq b]$. 今の議論はそのまま逆にたどれる．

（3） φ が $\neg\psi$ である．

$M[G] \vDash \neg\psi \iff$ not $M[G] \vDash \psi \iff$ not $\exists p \in G(p \Vdash \psi)$ [これは帰納法の仮定による] $\iff \forall p \in G$ not $[p \Vdash \psi] \cdots (\#)$

今, $D = \{q : q \Vdash \psi$ or $q \Vdash \neg\psi\}$とおくと補題 (a′) と $D \subseteq C$ とから $D \in M$. またDがCで稠密なることもすぐわかる [練習問題として試みよ] G は C–包括的であるから $G \cap D \neq 0$. よって $G \cap D$ の中から q を一つとる．よって $q \Vdash \psi$ または $q \Vdash \neg\psi$. (#) を仮定すれば $q \Vdash \neg\psi$ が得られる．よって $\exists q \in G[q \Vdash \neg\psi]$ がいえた．逆に，このようなqが

あれば: $\forall r \leqq q$ not $(r \Vdash \psi)$ である. (♯) が成立することをいうために $p \in G$, $p \Vdash \psi$ なる p があったとせよ. $r \leqq p, q$ なる $r \in G$ が存在するから, これに対し $r \Vdash \psi$ かつ not $r \Vdash \psi$, 不合理. ゆえに (♯) が成り立つ. よって $M[G] \models \neg\psi$.

(4) φ が $\psi \vee \theta$ である. [練習問題]

(5) φ が $\exists x \psi(x)$ である. [練習問題]

これで (c′) の証明が終った.

(d) の証明: $p \Vdash \neg\neg\varphi$とする. $p \in G$ なる任意の M 上の C–包括的集合 G をとれば, (c′) によって $M[G] \models \neg\neg\psi$, すなわち $M[G] \models \varphi$. したがって定義から $p \Vdash^* \varphi$. 逆に $p \Vdash \neg\neg\varphi$ でないとすれば: not $\forall q \leqq p$ not$(q \Vdash \neg\varphi)$, すなわち $\exists q \leqq p(q \Vdash \neg\varphi)$. $q \in G$ なる M 上の C–包括的集合 G を一つとると, (c′) によって $M[G] \models \neg\varphi$. 性質 $G2$) により $p \in G$ であるから結局 $\exists G$: M で C–包括的, $p \in G$, not $(M[G] \models \varphi)$. これは not $(p \Vdash^* \varphi)$ なることにほかならない.

かくて, 以上を総合することによって補題 (a), (b), (c) が得られた. なお, $\Vdash$ の定義の (3) において φ の代りに $\neg\neg\varphi$ を用いれば

(3′) $p \Vdash^* \neg\varphi \iff \forall q \leqq p$ not $(q \Vdash^* \varphi)$

が得られる. よって否定形の強制関係は $\Vdash$ も $\Vdash^*$ も同じ形の定義をもつことになる.

5.4 公理系 主定理の $M[G] \models$ ZFC なる部分を証明するために ZFC の公理系を再記しよう. 本文第6章のものと同じであるが, 記号的に記述する:

(A1) 外延性公理. $\forall a \forall b(\forall x(x \in a \leftrightarrow x \in b) \rightarrow a = b)$.

(A2) 対の公理. $\forall a \forall b \exists c \forall x(x \in c \leftrightarrow x = a \vee x = b)$.

(A3) 内包性公理(図式). $\psi(x, v_1, \cdots, v_n)$ が $x, v_1, \cdots, v_n$ のみを自由変数としてもつ論理式であるとき,

$$\forall v_1 \cdots \forall v_n \forall a \exists b \forall x(x \in b \leftrightarrow x \in a \,\&\, \psi(x, v_1, \cdots, v_n)).$$

(A4) 巾集合の公理. $\forall a \exists b \forall x(x \in b \leftrightarrow x \subseteq a)$.

(A5) 和集合の公理. $\forall a \exists b \forall x(x \in b \leftrightarrow \exists y \in a(x \in y))$.

(A6) 無限集合の公理. $\exists a(\exists x(x \in a \,\&\, \forall x(x \in a \rightarrow \{x\} \in a))$,

ここに $\{x\}$ は $\{x, x\}$ の略記であり, $\{a, b\}$ は (A2) によって

存在を保証された対集合である.

(A7) 基底公理. $\forall x(x \neq 0 \to \exists y(y \in x \ \& \ y \cap x = 0))$,

ここで $x \neq 0$ は $\exists y(y \in x)$ を, $y \cap x = 0$ は $\neg \exists z(z \in y \ \& \ z \in x)$ を表わす. あるいは 0 を本文 84 ページに述べてある方法で作った空集合と考えてもよい. その場合 $y \cap x$ は公理 (A3) により

$$\exists b \forall t(t \in b \leftrightarrow t \in y(t \in x))$$

として存在を保証された共通部分集合 b を表わす.

(A8) 置換公理(図式). $\psi(x, y, v_1, \cdots, v_n)$ が $x, y, v_1, \cdots, v_n$ のみを自由変数としてもつ論理式であるとき (簡単のため単に $\psi(x, y)$ と書くことにする),

$$\forall x_1 \cdots \forall x_n [\forall x \forall y \forall z(\psi(x, y) \ \& \ \psi(x, z) \to y = z) \to \forall a \exists b \forall y(y \in b \leftrightarrow \exists x \in a \, \psi(x, y))].$$

(A9) 選択公理. $\forall x[x \neq 0 \to \exists f[f : x \to \bigcup x \ \& \ \forall y(y \in x \ \& \ y \neq 0 \to f(y) \in y)]]$,

ただし, $f : x \to z$ は f が x から z への関数であることを表わす. これをキチンと論理式で書くことは容易である. また $\bigcup x$ は本文 83 ページで定義されたものである.

注意 (A3) をおいておくから, (A4), (A5), (A8) の中の $\leftrightarrow$ は一方向 $\leftarrow$ でおきかえた弱い形のもので十分である.

判定補題 推移集合 A が次の5条件をみたすならば, $\langle A, \in \rangle$ は ZF のモデルである; すなわち $\langle A, \in \rangle$ は (A1)~(A8) を満足する.

(i) $\omega \in A$.

(ii) A は対演算 $\{ , \}$ の下で閉じている: $a, b \in A \to \{a, b\} \in A$.

(iii) X が A で定義可能なクラスで, ある $a \in A$ に対し $X \subseteq a$ であれば, $X \in A$. (このとき A は**弱超推移的**という.)

(iv) F が A で定義可能なクラスでかつ関数であれば, $a \subseteq \mathrm{dom}(F)$, $a \in A$ なる a に対し

$$\exists c \in A [\bigcup \{F(x) : x \in a\} \subseteq c].$$

(v) $\forall a \in A \exists b \in A(S(a) \cap A \subseteq b)$.

証明: A1) 任意の $a, b \in A$ をとり $A \models \forall x(x \in a \leftrightarrow x \in b)$ と仮定せよ. すなわち $\forall x \in A(x \in a \leftrightarrow x \in b)$. $a, b \in A$ なることと

A の推移性とから $\forall x \in A$ を $\forall x$ でおきかえることができる．したがって，集合論の宇宙での A1) によって $a = b$.

A2)　これは条件 (ii) から明白．

A3)　$\psi(x, v_1, \cdots, v_n)$ と $a, a_1, \cdots, a_n \in A$ が与えられているとき，宇宙の A3) から $\forall x(x \in b \leftrightarrow x \in a \ \&\ A \models \psi(x, a_1, \cdots, a_n))$ なる集合 b が存在する ($A \models \psi(x, a_1, \cdots, a_n)$ 自身一つの論理式であることに注意)．すなわち，$b = \{x \in a : A \models \psi(x, a_1, \cdots, a_n)\}$ なる b がある．明白に $b \subseteq a$. よって (iii) により $b \in A$ である．

A4)　任意の $a \in A$ に対し $\forall x(x \in d \leftrightarrow x \subseteq a)$ なる $d = S(a)$ が存在する．(v) によって $S(a) \cap A \subseteq b$ なる $b \in A$ があるから (iii) によって $S(a) \cap A \in A$. $c = S(a) \cap A$ とおけば，これに対し $c \in A$ かつ $A \models \forall x(x \in c \leftrightarrow x \subseteq a)$.

A5)　任意の $a \in A$ をとる．明らかに，$\{\langle y, y \rangle : y \in A\}$ は A で定義可能なクラスであるから，関数 $F(y) = y$ は A で定義可能．$a \subseteq A = \mathrm{dom}(F)$, $a \in A$ であるから (iv) により $\bigcup \{F(y) : y \in a\} \subseteq c$ すなわち $\bigcup a \subseteq c$ なる $c \in A$ が存在する．ゆえに (iii) によって $\bigcup a \in A$.

A6)　ω は (A6) における a がみたすべき条件を満足する．仮定により $\omega \in A$.

A7)　任意の $x \in A$, $x \neq 0$ なる x をとる．(A7) によって $y \in x \ \&\ y \cap x = 0$ なる集合 y が存在する．A の推移性を用いると，$y \in A$ および $y \cap x = 0 \to A \models y \cap x = 0$ が得られる．したがって，$A \models \exists y(y \in x \ \&\ y \cap x = 0)$.

A8)　簡単のため $v_1, \cdots, v_n$ がない場合を取り扱う．任意の $x, y, z \in A$ に対し $A \models (\psi(x, y) \ \&\ \psi(x, z) \to y = z)$ であるとする．よって $F(x) = y \Longleftrightarrow A \models \psi(x, y)$ とすれば，F は A で定義された関数である．任意に与えられた $a \in A$ に対し $a \subseteq A = \mathrm{dom}(F)$ であるから (iv) により

$$\exists c \in A[\bigcup\{F(x) : x \in a\} \subseteq c].$$

$b = \bigcup \{F(x) : x \in a\}$ とおくと (iii) によって $b \in A$ となる．したがって，$A \models \forall y(y \in b \leftrightarrow \exists x(x \in a \ \&\ \psi(x, y)))$.

そこで主定理の証明を完結するために，まず $M[G]$ が判定補題の A がみたすべきすべての条件を満足することをいわねばならない．

(i)　$\omega \in M \subseteq M[G]$.

(ii)　$\bar{a}, \bar{b} \in M[G]$ とせよ．$a, b \in M$ であるから $c = \{\langle a, 1\rangle, \langle b, 1\rangle\} \in M$ である．この c に対し $\bar{c}$ を作れば $\bar{c} \in M[G]$ であって

$$\bar{c} = \{\bar{x} : x \in_G c\} = \{\bar{a}, \bar{b}\} \qquad \therefore \quad \{\bar{a}, \bar{b}\} \in M[G].$$

(iii)　X が $M[G]$ で定義可能なクラスで，$X \subseteq \bar{a} \in M[G]$ とせよ．X は $X = \{\bar{x} : M[G] \vDash \psi(x)\}$ として与えられているとしよう（ただし，$\psi(x)$ は強制言語で書かれた論理式と考える）．そこで

$$b = \{\langle x, p\rangle : x \in \mathrm{dom}(a) \ \& \ p \Vdash^* \psi(x)\}$$

とおくと b は M のクラスであって（補題 (a) による），$b \subseteq \mathrm{dom}(a) \times C \in M$ であるから $b \in M$．この b に対し

(1)　$$\bar{x} \in \bar{b} \leftrightarrow \bar{x} \in X$$

なることを証明する．これにより $X \in M[G]$ がいえる．そこで $\bar{x} \in \bar{b}$ とせよ．$\bar{x} = \bar{y}$，$y \in_G b$ なる y がある．よって $\langle y, p\rangle \in b$ なる $p \in G$ がある．よって $p \Vdash^* \psi(y)$，したがって補題 (c) により $M[G] \vDash \psi(y)$．ゆえに $\bar{y} \in X$，すなわち $\bar{x} \in X$．逆に $\bar{x} \in X$ なら $X \subseteq \bar{a}$ より $\bar{x} \in \bar{a}$．よって $\bar{x} = \bar{y}$，$y \in_G a$ なる y があり，ゆえに $y \in \mathrm{dom}(a)$．一方 $\bar{x} \in X$ より $M[G] \vDash \psi(x)$，すなわち $\psi(\bar{x})$，すなわち $\psi(\bar{y})$，ゆえに $M[G] \vDash \psi(y)$．真実性補題によって $p \Vdash^* \psi(y)$ なる $p \in G$ がある．したがって $\langle y, p\rangle \in b$，ゆえに $y \in_G b$，すなわち $\bar{y} \in \bar{b}$，よって $\bar{x} \in \bar{b}$．これで (1) が証明され (iii) が満足された．**注意**：今の証明により $X = \bar{b}$ なる X の名前 b を $b \subseteq \mathrm{dom}(a) \times C$ なるようにとれることがわかる．

補題　X が $M[G]$ の部分集合で（$M[G]$ で定義可能である必要はない），$a \in M$ なるとき

(2)　$$\forall x \in X \, \exists y \in a [x = \bar{y}]$$

が成り立てば，$X \subseteq \bar{b}$ なる $b \in M$ が存在する．

証明：　$b = a \times \{1\}$ とおく，もちろん 1 とは 1_C のこと．$x \in X$ に対し $x = \bar{y}$，$y \in a$ であるが，$\langle y, 1\rangle \in b$ であるから $y \in_G b$，すなわち $x = \bar{y} \in \bar{b}$，ゆえに $X \subseteq \bar{b}$．

(iv)　F は $M[G]$ で定義可能な関数で，$\bar{a} \subseteq \mathrm{dom}(F)$ $(a \in M)$ とする．仮定により

$$F(\bar{x}) = \bar{y} \iff M[G] \vDash \psi(x, y)$$

なる強制言語の論理式 ψ がある．これに対し

$$\forall p \in C \, \forall x \in \mathrm{dom}(a) [\exists y (p \Vdash^* \psi(x, y)) \rightarrow \exists y \in b (p \Vdash^* \psi(x, y))]$$

なる $b \in M$ が存在する．［M では $V=L$ が成立しているとしてよい(このように仮定してよい理由はすでに説明した)．そうすると本文第6章の L で AC が成立することの証明——注11)の内容も含めて——を少し修正すると，ある定義可能なクラスである関数によって L 全体，したがって，今の場合 M 全体が整列されることがわかる．この順序の意味で所要条件をみたす**最小の** y を pick up していけば，定義域が $C \times \mathrm{dom}(a)$ である関数が得られる．b としてこの関数の値域をとればよい．］b の代りにその推移閉包 $TC(b)$——b を部分集合として含む最小の推移的集合のこと——をとると $TC(b) \in M$ であるから，初めから b は推移的であるとしてよい．今

（3） 任意の $z \in \bigcup \{F(\bar{x}) : \bar{x} \in \bar{a}\}$ が b の中にその名前をもつ．

ことがいえれば上述の補題により $\bigcup \{F(\bar{x}) : \bar{x} \in \bar{a}\} \subseteq \bar{c}$ なる $c \in M$ が存在するからこれで(iv)が証明されたことになる．そこで，このような任意の z をとる．するとある $\bar{x} \in \bar{a}$ に対し $z \in F(\bar{x})$．すでに何度か行なったことから，$\bar{x}$ を変えずに $x \in_G a$ であると考えてよい．$F(\bar{x}) = \bar{y}$ とすると，$M[G] \models \varphi(x, y)$．真実性補題により $p \Vdash^* \varphi(x, y)$ なる $p \in G$ がある．b の性質により $y' \in b$ があって $p \Vdash^* \varphi(x, y')$．ゆえに $M[G] \models \varphi(x, y')$, すなわち $F(\bar{x}) = \overline{y'}$．よって $z \in \overline{y'} = \{\bar{d} : d \in_G y'\}$．ゆえに，ある $d \in_G y'$ に対し $z = \bar{d}$．$d \in \mathrm{dom}(y')$，$y' \in b$，よって $d \in b$ (b の推移性による)．これであのような任意の z が b の中にその名前をもつ $(z = \bar{d}, d \in b)$ ことがわかったから(3)が成り立つ．

（v） 任意の $\bar{a} \in M[G]$ をとる．$\bar{x} \in S(\bar{a}) \cap M[G]$ なる $\bar{x}$ に対し，$\bar{x} \subseteq a$ であるから(iii)の証明の注意により $c \subseteq \mathrm{dom}(a) \times C$ なるある c をもって $\bar{x} = \bar{c}$ と書ける．ところで，$c \in S(\mathrm{dom}(a) \times C) \cap M$ であるから，結局 $S(\bar{a}) \cap M[G]$ のどの要素も M の要素 $S(\mathrm{dom}(a) \times C) \cap M$ の中にその名前をもつ．よって補題により $S(\bar{a}) \cap M[G] \subseteq \bar{b}$ なる $\bar{b}$ が存在する．

以上で $M[G]$ が ZF の可算標準モデルであることがわかった．残るは $M[G]$ で，選択公理 AC が成立することを示すだけである．$M[G]$ において

$$\bar{a} \in^* \bar{b} \leftrightarrow \exists p \in G[\langle \bar{a}, p \rangle \in \bar{b}]$$
$$K(\bar{b}) = \{K(\bar{a}) : \bar{a} \in^* \bar{b}\}$$

と定義する．$K(\bar{b})$ の定義は $M[G]$ における $\rho(\bar{b})$ についての超限帰納法によるものである．$y \in M$ ならば，$\bar{a} \in^* y \leftrightarrow \exists p \in G(\langle \bar{a}, p \rangle \in y) \leftrightarrow \bar{a} \in_G y$．なぜなら $\{\bar{a}\} \in y \in M$ より $\bar{a} \in M$ となるからである．したがって

$$\begin{aligned} y \in M \Longrightarrow K(y) &= \{K(\bar{a}) : \bar{a} \in^* y\} = \{K(x) : x \in_G y\} \\ &= \{K_G(x) : x \in_G y\} \quad (\text{帰納法の仮定}) \\ &= K_G(y). \end{aligned}$$

そこで任意の $\bar{a} \in M[G]$ をとる．$M \models \mathrm{AC}$ であるから順序数 $\alpha \in M$ と $f : \alpha \xrightarrow{\text{全射}} \mathrm{dom}(a)$ なる関数 $f \in M$ とが存在する．合成関数 $K \circ f$ を考えると

$$K \circ f : \alpha \xrightarrow{\text{全射}} \{K(x) : x \in \mathrm{dom}(a)\}.$$

$a \in M$ だから上で見たことから $\{K(x) : x \in \mathrm{dom}(a)\} = \{K_G(x) : x \in \mathrm{dom}(a)\} = \{\bar{x} : x \in \mathrm{dom}(a)\}$ であり，明らかにこれは $M[G]$ の要素であるから $\bar{d}$ とおく．よって

$$K \circ f : \alpha \xrightarrow{\text{全射}} \bar{d}.$$

今，任意の $\bar{x} \in \bar{a}$ をとると $x \in \mathrm{dom}(a)$ であるから $\bar{x} \in \bar{d}$，したがって $\bar{a} \subseteq \bar{d}$．ゆえに $K \circ f$ を用いて $\bar{a}$ を整列することができる．これは $M[G] \models$ 'a は整列される' を意味するから，$M[G]$ で AC が成立する．

以上で主定理の証明がすべて終了した．

5.5 連続体仮説の独立性 C を適当にえらぶと $M[G]$ で CH の否定 $2^{\aleph_0} > \aleph_1$ が成立すること，より正確に $2^{\aleph_0} = \aleph_2$ が成立することを証明しよう．そのため，C を適当にとると基数の概念が M と $M[G]$ とで全然変わらないことを利用する．前のように M は $\mathrm{ZFC} + (V = L)$ の可算標準モデルであるとし，C は M における強制概念，G は M 上の C–包括的集合であるとする．

補題 1. M と $M[G]$ は同じ順序数をもつ．

証明： $M \subseteq M[G]$ であるから，$M[G]$ の順序数が M に属することをいえばよい．なぜなら任意の標準モデル $\langle A, \in \rangle$ に対し，$\alpha \in A$ ならば

(1) α が順序数である $\Longleftrightarrow \langle A, \in \rangle \models$ 'α は順序数である'

なることが容易に示されるからである［しかし一般に (1) において '順序数' を '基数' でおきかえることはできない］．そこで α を $M[G]$ の順

序数としよう．ある $a \in M$ をもって $\alpha = \bar{a}$ と書ける．ところで，一般に $\rho(x) = \sup\{\rho(y)+1 : y \in x\}$ なることを使うと（$x \in M$ に対し）$\rho(\bar{x}) \leqq \rho(x)$ なることが導かれるから $\alpha = \rho(\alpha) \leqq \rho(a)$ である．$a \in M$ より $\rho(a) \in M$. $\alpha = \rho(a)$ か $\alpha \in \rho(a)$ であるから結局 $\alpha \in M$ となる．

補題 2. $M[G]$ の基数は M の基数である．

証明：κ を $M[G]$ の基数とすると，それは $M[G]$ の順序数であるから補題 1 により M の順序数である．もし κ が M の基数でなければ，$\beta < \kappa$ なる M の順序数 β と $f : \beta \xrightarrow{\text{全射}} \kappa$ なる関数 $f \in M$ がある．もちろん $f \in M[G]$ であるからこのことは κ が $M[G]$ の基数でないことを表わす．これは不合理であるから κ は M の基数でなければならない．

$0, 1, 2, \cdots, \omega$ は M にも $M[G]$ にも含まれる．しかし，M の非可算基数は必ずしも $M[G]$ の基数ではない．これは強制概念 C のえらび方によるのである．たとえば，前に見たことから $C = H(\aleph_0, \aleph_1{}^M)$（$\aleph_1{}^M$ は M における $\aleph_1$ の意，すなわち M において非可算な最小の順序数のこと）ととれば，$C \in M$ であって $M[G]$ では $\aleph_0$ から $\aleph_1{}^M$ の上への写像が存在することがわかるので，M の基数 $\aleph_1{}^M$ が $M[G]$ では $\aleph_0$（$\aleph_0$ はどんな標準モデルでも $\aleph_0$ のままである）に‘つぶれ’てしまう．これを**基数崩壊**の現象という．91 ページの記法 $\approx$ を使うと

$$M[G] \models \aleph_0 \approx \aleph_1{}^M$$

ということになる．しかし $\aleph_0 \neq \aleph_1{}^M$ であるから，$\aleph_1{}^M$ は $M[G]$ では基数でない．

定義　$p, q \in C$ に対し，$r \leqq p$ かつ $r \leqq q$ なる $r \in C$ が存在しないならば，p と q は**非整合的**であるといい $p|q$ と書く．D を C の部分集合とする．D の任意の 2 要素が非整合的ならば D は**全非整合的**であるという．C の任意の全非整合的集合が可算集合であれば，C は**可算鎖条件**をみたすという（可算鎖条件というのは，この条件をみたすブール代数の整列鎖の可算性から得た名前である）．

例 1　$C = H(A, \mathbf{2})$ は可算鎖条件をみたす．ただし A は任意の集合で $\mathbf{2}$ は $\{0, 1\}$ を表わす（1 は自然数の 1）．

証明：D を C の部分集合で全非整合的かつ非可算集合であるとしよう．各自然数 n に対し

$$D_n = \{p \in D : |\mathrm{dom}(p)| \leq n\}$$

とおくと $D = \bigcup_{n<\omega} D_n$ であるから少なくとも一つの D_n が非可算集合でなければならない．なぜなら AC によって可算個の可算集合の和集合は再び可算集合であるからである．このような一つの D_n をとる．さらに $\{p \in D_n : p \lneqq q\}$ が非可算であるような q のうち $|\mathrm{dom}(q)|$ が最大のものを q_0 とする ($\mathrm{dom}(q_0) = 0$ のこともありうる)．そこで任意の $p_0 \in D_n$ をとる．$p_0 < q_0$ であるから $p_0 \supset q_0$. よって $\mathrm{dom}(p_0) - \mathrm{dom}(q_0) = \{a_1, \cdots, a_r\}$ とおく．

$$p \in D_n, p \neq p_0 \ \rightarrow \ q_0 \subsetneqq p, \ \ p|p_0$$

であるから，このような各 p に対し $a_i \in \mathrm{dom}(p)$, $p(a_i) = 1-p_0(a_i)$ なる i がある．よって $i = 1, 2, \cdots, r$ に対し

$$D_n{}^i = \{p \in D_n : a_i \in \mathrm{dom}(p), \ \ p(a_i) = 1 - p_0(a_i)\}$$

とおくと $D_n = D_n{}^1 \cup \cdots \cup D_n{}^r \cup \{p_0\}$. ゆえに少なくとも一つの $D_n{}^i$ は非可算集合である．このような一つの $D_n{}^i$ をとる．そのとき

$$q_0 \cup \{\langle a_i, 1 - p_0(a_i)\rangle\} = q_1$$

とおくと $D_n{}^i \subseteq \{p \in D_n : p < q_1\}$ であるから $\{p \in D_n : p < q_1\}$ は非可算集合となり，$|\mathrm{dom}(q_0)| < |\mathrm{dom}(q_1)|$ であるから q_0 のえらび方に矛盾する．ゆえにこのような D は存在しない．

注意 $A \in M$ ならば上の証明はまったく M の中で実行できるから，結局このとき

$$\langle M, \in \rangle \models \text{‘}H(A, 2) \text{ は可算鎖条件をみたす’}$$

が成り立つ．

α を順序数とする．$cf(\alpha)$ は $\beta < \alpha$ かつ $\exists f[f : \beta \rightarrow \alpha \ \& \bigcup\{f(\gamma) : \gamma < \beta\} = \alpha]$ なる最小の順序数 β を表わし，α の**共終数** (cofinality) とよばれる．これをモデル M で考えたものを $cf^M(\alpha)$ と書く．たとえば $cf(\aleph_1) = \aleph_1$, $cf(\aleph_\omega) = \omega$ である．

補題 3. C が可算鎖条件をみたすならば，$cf^M = cf^{M[G]}$ であり，M と $M[G]$ は同じ基数をもつ．

証明: $M \subseteq M[G]$ であるから，C のえらび方に関係なく，順序数 $\alpha \in M$ ならば $cf^{M[G]}(\alpha) \leq cf^M(\alpha)$. そこで C が可算鎖条件をみたすとき，これの逆の不等式を証明するのである．M の極限順序数は $M[G]$

でも極限数であるから $cf^M(\alpha) \leqq \omega$ ならば $cf^M(\alpha) \leqq cf^{M[G]}(\alpha)$ である．よって $cf^M(\alpha) > \omega$ の場合を考える．すなわち $cf^M(\alpha) \geqq \aleph_1{}^M$ とする．$cf^{M[G]}(\alpha) = \lambda$ とおく．λ は $M[G]$ における基数であるから，補題 2 により M の基数でもある．λ から α のある**共終部分集合** Y (すなわち $Y \subset \alpha$, $\bigcup Y = \alpha$ なるもの) への全射が $M[G]$ の中にあるからそれを $\bar{a}(a \in M)$ とする．これは次の意味である:

$M[G] \vDash$ 'a は $\check{\lambda}$ から $\check{\alpha}$ のある共終部分集合への全射である'

そこで

$$b = \{\gamma : \exists \beta < \lambda \ \exists p \in C [p \Vdash^* a(\check{\beta}) = \check{\gamma}]\}$$

とおくと §5.3 補題 (a) により $b \in M$ (一般に $\{\check{\gamma} : \cdots\check{\gamma}\cdots\} \in M$ ならば $\{\gamma : \cdots\check{\gamma}\cdots\} \in M$ である)．$\sigma < \lambda$ で $\bar{a}(\sigma) = \tau$ ならば $M[G] \vDash a(\check{\sigma}) = \check{\tau}$ だから，真実性補題 (c) によりある $p \in G$ が存在して $p \Vdash^* a(\check{\sigma}) = \check{\tau}$，したがって $\tau \in b$．これは $\mathrm{range}(\bar{a}) \subseteq b$ を意味する．$\bar{a}$ の定義により b は α の共終部分集合でしかも $b \in M$．ゆえに M において $cf(\alpha) \leqq |b|$．このとき

(2)　Mにおいて: $|b| \leqq \lambda$, したがって $cf(\alpha) \leqq \lambda$.　換言すれば

$$cf^M(\alpha) \leqq \lambda = cf^{M[G]}(\alpha).$$

何となれば: 各 $\beta < \lambda$ に対し $b_\beta = \{\gamma : \exists p [p \Vdash^* a(\check{\beta}) = \check{\gamma}]\}$ とおくと $b = \bigcup \{b_\beta : \beta < \lambda\}$ である．各 $\beta < \lambda$ に対し $M \vDash |b_\beta| \leqq \aleph_0$ がいえれば $M \vDash |b| \leqq \aleph_0 \cdot \lambda = \lambda$ であるから (2) が示された．よって $\beta < \lambda$ を固定し $\gamma \in b_\beta$ を考える．よって $p_\gamma \Vdash^* a(\check{\beta}) = \check{\gamma}$ なる $p_\gamma \in C$ がある．C は可算鎖条件をみたすから

(3)　$$\gamma \neq \gamma' \rightarrow p_\gamma | p_{\gamma'}$$

なることがいえれば，p_γ の集合は可算であり，したがって $|b_\beta| \leqq \aleph_0$ となる．そこで仮に $q \leqq p_\gamma$, $q \leqq p_{\gamma'}$ とせよ．$q \in G'$ なる M 上の C–包括的集合 G' をとる．拡大補題 (b) により $q \Vdash^* a(\check{\beta}) = \check{\gamma}$, $q \Vdash^* a(\check{\beta}) = \check{\gamma}'$．真実性補題 (c) により $M[G'] \vDash a(\check{\beta}) = \check{\gamma}$, $M[G'] \vDash a(\check{\beta}) = \check{\gamma}'$．ゆえに $M[G'] \vDash \check{\gamma} = \check{\gamma}'$，したがって $\gamma = \gamma'$．これで (3) が示され，したがって (2) が証明された．それゆえ $cf^M = cf^{M[G]}$ である．

次にMと $M[G]$ が同じ基数をもつことを示そう．補題2により，M の基数が $M[G]$ の基数であることをいえばよい．$\kappa > \aleph_0$ を M の任意の基数とする．$cf^M(\kappa) = \kappa$ ならばすでに示したことから $cf^{M[G]}(\kappa) = \kappa$.

よって κ は $M[G]$ の基数である [練習問題: 一般に ZFC で任意の順序数 α に対し $cf(\alpha)$ は基数である]. そこで $cf^M(\kappa) < \kappa$ とすると $M \vDash \kappa = \sup\{\nu : \nu$ は基数で $\nu < \kappa\}$ である. κ についての超限帰納法によっているから, 帰納法の仮定により $\nu < \kappa$ なる M の基数 ν は $M[G]$の基数である. よって $M[G] \vDash \kappa = \sup\{\nu : \nu$ は基数で $\nu < \kappa\}$. 基数集合の最小上界は基数であるから κ は $M[G]$ の基数である. 以上で補題 3 の証明が終った.

補題 4. $C = H(\aleph_0 \times \aleph_2{}^M, 2)$ とすると

$$(2^{\aleph_0})^{M[G]} \leqq ((|C|^{\aleph_0})^{\aleph_0})^M.$$

証明: 各 $a \in M$, $n \in \omega$ に対し

$$f_a(n) = \{p \in C : p \Vdash^* \check{n} \,\varepsilon\, a\}$$

と定義すれば $f_a \in M$. このとき

(4) $$\bar{a} \subseteq \omega, \bar{b} \subseteq \omega, f_a = f_b \rightarrow \bar{a} = \bar{b}.$$

なぜなら; 任意の $n \in \bar{a}$ をとる $n = \bar{\check{n}}$ であるから $M[G] \vDash \check{n} \,\varepsilon\, a$. 真実性補題 (c) から $\exists p \in G[p \Vdash^* \check{n} \,\varepsilon\, a]$, すなわち $p \in f_a(n) = f_b(n)$, よって $p \Vdash^* \check{n} \,\varepsilon\, b$, ゆえに $n \in b$. よって $\bar{a} \subseteq \bar{b}$. 同様にして $\bar{b} \subseteq \bar{a}$. これで (4) が示された. 今 $Q = \{\{p \in C : p \Vdash^* \psi\} : \psi$ は強制言語の文$\}$ とおくと, Q は M で定義可能なクラスでかつ $Q \subseteq S^M(C)$. ゆえに $Q \in M$. 同様にして, $\{f_a : a \in M\}$ は M で定義可能なクラスであるが, 各 f_a は $f_a : \omega \rightarrow Q$ なる M の関数であるから, このクラスは $\subseteq S^M(\omega \times Q)$. ゆえに $\{f_a : a \in M\} \in M$. よって (4) より

$$\begin{aligned}(2^{\aleph_0})^{M[G]} &= |S(\omega)|^{M[G]} \leqq |\{f_a : a \in M\}|^{M[G]} \\ &= |\{f_a : a \in M\}|^M \leqq |Q^\omega|^M = (|Q|^{\aleph_0})^M\end{aligned}$$

が得られる. したがって, もし

(5) $$|Q|^M \leqq (|C|^{\aleph_0})^M$$

がいえるならば, 上の不等式から $(2^{\aleph_0})^{M[G]} \leqq ((|C|^{\aleph_0})^{\aleph_0})^M$ が導かれるから補題 4 が証明されたわけである. (5) を示すために $a \in Q$ とせよ. よって $a \subseteq C$. M では AC が成り立っているからゾーンの補題を用いて, a の全非整合的部分集合のうち極大なもの b が存在する. そのとき

(6) $$p \in a \leftrightarrow \forall q \leqq p \exists r \in b \ [q, r \text{ は整合的}]$$

が成り立つ. この証明は後回しにして; $g : Q \rightarrow S^M(C)$, $g(a) = b$ なる

対応 g は M の要素として存在する．また(6)によって g は1対1対応である（何となれば $b=b'$ なら(6)の右辺は同一の a を定義する)．すなわち，$g\in M$ は Q から C の全非整列部分集合全体の集合の中への1対1対応である．ところが，C は可算鎖条件をみたすから，あの各 b は可算集合である．ゆえに

$$M\vDash|Q|\leqq|S_{\aleph_1}(C)|=|C|^{\aleph_0}$$

これは (5) にほかならない．

以下 (6) の証明： $a\in Q$であるから $a=\{p\in C:p\Vdash^*\psi\}$とする．$p\in a$ なら，$q\leqq p$なる任意の q に対し $q\Vdash^*\psi$，よって $q\in a$．そこでもし $\forall r\in b\,[q|r]$ ならば $b\cup\{q\}$ は a の全非整合的部分集合で，しかも b を真に含む．これは b の極大性に反する．よって q，r が整合的な r が b の中に存在しなければならない． 逆に $p\notin a$ とすれば，**not** $(p\Vdash^*\psi)$．よって$q_0\leqq p\ \&\ q_0\Vdash^*\neg\psi$ なるq_0が存在する［$\because p\Vdash^*\neg\neg\psi\Longleftrightarrow p\Vdash^*\psi$ は弱強制の定義からすぐわかる；また§5.3の$(3')$においてφの代りに $\neg\psi$ をとれば$p\Vdash^*\neg\neg\psi\Longleftrightarrow\forall q\leqq p$ not $(q\Vdash^*\neg\psi)$．この二つの事実から，このようなq_0の存在がいえる］．したがって，$\forall r_1\leqq q_0$ not $(r_1\Vdash^*\psi)$．ゆえにrがq_0と整合的ならば not$(r\Vdash^*\psi)$である．これより $\forall r\in b\,[q_0, r$ は非整合的である］が従う．なぜなら not $(r\Vdash^*\psi)$ なら $r\notin a$，したがって $r\notin b$ だからである．これで (6)が証明され，したがって，補題 4 の証明が完成した．

補題 5. $C=H(\aleph_0\times\aleph_2{}^M,2)$ とすると

$$M[G]\vDash 2^{\aleph_0}\leqq\aleph_2{}^M.$$

証明： 補題 4 により $(2^{\aleph_0})^{M[G]}\leqq((|C|^{\aleph_0})^{\aleph_0})^M$ であった．ところが，$|C|^M=\aleph_2{}^M$ であるから

$$M\vDash(|C|^{\aleph_0})^{\aleph_0}=|C|^{\aleph_0}=\aleph_2{}^{\aleph_0}.$$

$M\vDash V=L$ を仮定していたのでもちろん $M\vDash$ GCH，したがって

$$M\vDash\aleph_2{}^{\aleph_0}=(2^{\aleph_1})^{\aleph_0}=2^{\aleph_1\cdot\aleph_0}=2^{\aleph_1}=\aleph_2.$$

よって

$$M\vDash(|C|^{\aleph_0})^{\aleph_0}=\aleph_2.$$

これと補題 4 を結合すれば，補題 5 が得られる．

補題 6. $C=H(\aleph_0\times\aleph_2{}^M,2)$ とすると $M[G]\vDash\aleph_2{}^M\leqq 2^{\aleph_0}$.

証明: $F=\bigcup\{p:p\in G\}$とおくとFは$F\colon\aleph_0\times\aleph_2{}^M\to 2$なる$M[G]$の関数である. 各 $\alpha<\aleph_2{}^M$ に対し

$$A_\alpha=\{n\in\omega : F(n,\alpha)=0\}$$

とおく. $A_\alpha\subseteq\omega$ であって $A_\alpha\in M[G]$. このとき $\alpha,\beta<\aleph_2{}^M$ に対し

(7) $$\alpha\neq\beta\to A_\alpha\neq A_\beta$$

が成り立つ. よって $M[G]\models\aleph_2{}^M\leqq 2^{\aleph_0}$ である.

以下 (7) の証明: $D=\{p\in C:\exists n\in\omega[(n,\alpha),(n,\beta)\in\mathrm{dom}(p)\ \&\ p(n,\alpha)\neq p(n,\beta)]\}$ とおく. D は C において稠密である[練習問題として試みよ]. 明らかに $D\in M$. ゆえに, G の M 上 C–包括性により $D\cap G\neq 0$. $p\in D\cap G$ なる p を一つとる. よって, ある n に対し $p(n,\alpha)\neq p(n,\beta)$. たとえば, $p(n,\alpha)=0$, $p(n,\beta)=1$ としよう. $p\in G$ であるから F の定義によって $F(n,\alpha)=0$, $F(n,\beta)=1$, したがって $n\in A_\alpha$, $n\notin A_\beta$. ゆえに $A_\alpha\neq A_\beta$.

補題 5, 6 のように C をとると C は可算鎖条件をみたすので, 補題 3 により

$$M[G]\models 2^{\aleph_0}=\aleph_2$$

であることがわかる.

以上をまとめると

定理 M は $V=L$ をみたす ZFC の可算標準モデルであるとする. これに対し $C=H(\aleph_0\times\aleph_2{}^M,2)$ として G を M 上の C–包括的集合とすれば, $M[G]$ に関し次のことが成り立つ:

(i) $M[G]$ は ZFC の可算標準モデルである.
(ii) $cf^M=cf^{M[G]}$.
(iii) M と $M[G]$ は同じ基数をもつ.
(iv) $M[G]\models 2^{\aleph_0}=\aleph_2$.

定理 ZF 集合論の体系が無矛盾であれば, それに選択公理と, 連続体仮説の否定（特に $2^{\aleph_0}=\aleph_2$ なる命題）とを公理としてつけ加えた体系も無矛盾である.

選択公理の独立性の証明は少し違った工夫を要する. M から $M[G]$ を作っても依然として $M[G]\models\mathrm{AC}$ であった. よって AC の独立性はこのような‘包括的拡大モデル’そのものでは得られない. それは C を適

当にえらび，$M[G]$ のある特別な部分集合をとって ZF + ¬AC のモデルを作ることによりなされる．詳細は残念ながら割愛する．

第 6 章の参考書としては，すでにあげたコーエンの本の邦訳 [5]，難波 [10] のほかに竹内 [7] がある．これらはどれも大変良い本であるから，少しむずかしいが興味ある方には一読をおすすめする．この 3 著以外で '集合論' という名の日本語の書物は筆者の知る限り現代の集合論をほとんど展開してない．洋書では Jech [22]，Felgner [20]，Takeuti–Zaring [27]，[28] が強制法によるモデルの方法を詳しく取り扱っている．独立性以外の現代集合論は Drake [19] が良い本である．なお，公理的集合論の初歩の部分の良書として Halmos の本の邦訳 [31] がある．

以上のほかに数理論理学に属するものとして様相論理および多値論理などの分野がある．しかし，紙数も尽きたのでこれらの説明は松本[15]，井関 [2] などにゆずることにする．

新体系 ZFC* への公理の追加について．
158ページ，9行と10行の間に次の条件と言葉を挿入する：
$\exists x\mathrm{M}(x) \wedge \exists y \forall x(x \in y \leftrightarrow \mathrm{M}(x)) \wedge \mathrm{M} = \{x : \mathrm{M}(x)\}$ 及び

文　献

[1] 相沢輝昭: 計算理論の基礎. CS シリーズ 2, 総合図書 (昭和45年)

[2] 井関清志: 記号論理学, 命題論理学, 槙書店 (昭和 43 年)
述語論理学, 槙書店 (昭和 48 年)

[3] 梅沢敏郎: 記号論理, 数学講座 16, 筑摩書房 (昭和 45 年)

[4] 樹下行三: オートマトン入門, 電子工学シリーズ 3, 朝倉書店 (昭和 48 年)

[5] コーエン (近藤基吉 他訳): 連続体仮説, 東京図書 (昭和47年)

[6] 竹内外史・八杉満利子: 数学基礎論, 現代数学講座 1, 共立出版 (増補版 昭和 49 年)

[7] 竹内外史: 現代集合論入門, 日本評論社 (昭和 46 年)

[8] 竹内外史: 数学基礎論の世界, 日本評論社 (昭和 47 年)

[9] デーヴィス (渡辺 茂 他訳): 計算の理論, 岩波書店(昭和41年)

[10] 難波完爾: 集合論, サイエンス・ライブラリー, 現代数学への入門 3, サイエンス社 (昭和 50 年)

[11] 広瀬　健: 計算論, 近代数学講座 19, 朝倉書店 (昭和 50 年)

[12] 細井　勉: 計算の基礎理論, 新しい応用の数学 9, 教育出版 (昭和 50 年)

[13] 前原昭二: 数理論理学序説, 共立全書 160, 共立出版 (昭和 41 年)

[14] 前原昭二: 数理論理学, 数理科学シリーズ 6, 培風館 (昭和 48 年)

[15] 松本和夫: 数理論理学, 現代の数学 1, 共立出版 (昭和 45 年)

[16] 本橋信義: 模型論講義ノート (その一), ゼロックス印刷 (昭和 50 年)

[17] J. L. Bell, A. B. Slomson, *Models and Ultraproducts, An introduction*, North-Holland (1969)

[18] C. C. Chang, H. J. Kiesler, *Model Theory*, North-Holland (1973)

[19] F. R. Drake, *Set Theory*, North-Holland (1974)

[20] U. Felgner, *Models of ZF-Set Theory*, *Lecture Notes in Math.* No. 223, Springer (1971)

[21] K. Gödel, *The Consistency of the Continuum Hypothesis*, *Annals of Mathematics Studies*, No. 3, Princeton Univ. (1940)

[22] T. J. Jech, *Lectures in Set Theory, with Particular Emphasis on the Method of Forcing*, *Lecture Notes in Math.* No. 217, Springer (1971)

[23] S. C. Kleene, *Introduction to Metamathematics*, North-Holland (1952) (アジア版あり：東京大学出版会)

[24] R. Kopperman, *Model Theory and its Applications*, Allyn & Bacon (1972)

[25] H. Rogers, Jr., *Theory of recursive functions and effective computability*, McGraw-Hill (1967)

[26] J. R. Shoenfield, *Unramified Forcing*, in *Axiomatic Set Theory*, Part 1. *Amer. Math. Soc.* (1971), pp. 357-381.

[27] G. Takeuti-W. Zaring, *Introduction to Axiomatic Set Theory*. Springer (1971)

[28] 同, *Axiomatic Set Theory*, Springer (1973).

[29] G. Takeuti, *Proof Theory*, North-Holland (1975)

[30] 山中　健，線形位相空間と一般関数，共立出版（昭和 41 年）

[31] ハルモス（富川　滋訳），素朴集合論，ミネルヴァ書房（昭和 50 年）

[32] 斉藤正彦，超積と超準解析，東京図書（昭和 51 年）

人名（文献の著者は含まない）

1.	Archimedes (287–212 B. C.)	アルキメデス
2.	Aristoteles (384–322 B. C.)	アリストテレス
3.	Bolzano, B (1781–1848)	ボルツァノ
4.	Boole, G (1815–1864)	ブール
5.	Burali–Forti, C. (1861–1931)	ブラリ・フォルチ
6.	Cantor, G. (1845–1918)	カントル
7.	Cohen, P. J. (1934–2007)	コーエン
8.	Dedekind, R. (1831–1916)	デデキント
9.	Euclid (330?–275? B. C.)	ユークリッド
10.	Fraenkel, A. (1891–1965)	フレンケル
11.	Frege, G. (1848–1925)	フレーゲ
12.	Galilei, G. (1564–1642)	ガリレイ
13.	Gödel, K. (1906–1978)	ゲーデル
14.	Henkin, L. (1921–2006)	ヘンキン
15.	Herbrand, J. (1908–1931)	エルブラン
16.	Hilbert, D. (1862–1943)	ヒルベルト
17.	Leibniz, G. (1646–1716)	ライプニッツ
18.	Lindenbaum, A. (1904–1941)	リンデンバウム
19.	Löwenheim, L. (1878–1940)	レーヴェンハイム
20.	Mostowski, A. (1913–1975)	モストウスキー
21.	Newton, I. (1642–1727)	ニュートン
22.	Peano, G. (1858–1932)	ペアノ
23.	Post, E. (1897–1954)	ポスト
24.	Rosser, J. B. (1907–1989)	ロッサー
25.	Russell, B. (1872–1970)	ラッセル
26.	Skolem, Th. (1887–1963)	スコーレム
27.	Tarski, A. (1902–1983)	タルスキー
28.	Turing, A. M. (1912–1954)	チューリング
29.	Zermelo, E. (1871–1956)	ツェルメロ
30.	Zorn, M. (1906–1993)	ゾーン(ツォルン)
31.	Church, A. (1903–1995)	チャーチ
32.	Gentzen, G. (1909–1945)	ゲンチェン
33.	Robinson, A. (1918–1974)	ロビンソン

事 項 索 引

ア 行

カ 行

サ 行

タ 行

ナ 行

ハ 行

マ 行

ヤ 行

ラ 行

ワ 行

記号索引

―――訳者略歴―――

田中尚夫（たなかひさお）

1962年　東京都立大学大学院修了
1964年～1999年　法政大学工学部・大学院工学研究科 勤務
現　在　法政大学名誉教授・理学博士
専　門　数学基礎論（記述集合論，計算量理論）
著書・訳書「公理的集合論」（培風館）
「選択公理と数学」（遊星社）
「計算論理入門」（裳華房）
「ゲーデルと20世紀の論理学(1)」（共著，東京大学出版会）
「ヘルマン・ヴァイル連続体」（共訳，日本評論社）

復刊　現代数理論理学入門

1977年11月20日　初　版1刷発行
1979年 9月25日　初　版2刷発行
2017年 4月10日　復　刊1刷発行

訳者　田中尚夫

発行者　南條光章
東京都文京区小日向4丁目6番19号

NDC 410.9

発行所　共立出版株式会社
東京都文京区小日向4丁目6番19号
電話　東京(03)3947-2511番（代表）
郵便番号112-0006
振替口座00110-2-57035番
URL　http://www.kyoritsu-pub.co.jp/

印刷・製本：藤原印刷株式会社

Printed in Japan

一般社団法人
自然科学書協会
会員

ISBN 978-4-320-11318-3